奋斗的青春不迷茫

吴江 著

台海出版社

图书在版编目（CIP）数据

奋斗的青春不迷茫 / 吴江著 . -- 北京：台海出版

社 , 2019.10

ISBN 978-7-5168-2443-6

Ⅰ . ①奋… Ⅱ . ①吴… Ⅲ . ①人生哲学－通俗读物

Ⅳ . ① B821-49

中国版本图书馆 CIP 数据核字 (2019) 第 212068 号

奋斗的青春不迷茫

FENDOU DE QINGCHUN BU MIMANG

著　　者：吴　江			
责任编辑：武　波		装帧设计：胡　椒	
版式设计：李　丽		责任印制：蔡　旭	

出版发行：台海出版社

地　　址：北京市东城区景山东街 20 号　　邮政编码：100009

电　　话：010-64041652（发行，邮购）

传　　真：010-84045799（总编室）

网　　址：www.taimeng.org.cn/thcbs/default.htm

E-mail：thcbs@126.com

经　　销：全国各地新华书店

印　　刷：北京时捷印刷有限公司

本书如有破损、缺页、装订错误，请与本社联系调换

开　　本：787mm×1092mm　　1/16

字　　数：127 千字　　　　　印　张：11.75

版　　次：2019 年 10 月第 1 版　印　次：2019 年 10 月第 1 次印刷

书　　号：ISBN 978-7-5168-2443-6

定　　价：45.00 元

推荐序（一）

在一年以前，我的学生吴江说要出一本书，书名为《奋斗的青春不迷茫》，想让我给他写书的推荐序，当时我就答应下来了。原因有两个：其一，吴江在我的学生当中是非常有思想、干劲足的，满满的正能量，算得上是年轻人优秀的代表；其二，书名特别符合我的成长历程，感同身受，很吸引我。

曾经的我被初恋女友抛弃，被感情所困，痛不欲生，好几次走上高楼的露台产生轻生的想法；曾经的我工作事业也是一团糟，15个月找不到一份工作；曾经的我运气坏到极致，在培训公司上班三个半月才出了第一单拿了1000元的提成；曾经的我连续7年都存不下钱，投资失败、被骗，甚至到2009年还有负债，在朋友心目当中我是名副其实的"负翁"。当这一切发生时，我熬住了没有放弃，最后走向了成功、幸福的人生。时间是一副良药，只要熬得住，好日子总会出现的。

一副好的食材经过漫长的时间细火熬制，营养价值不菲，对身体健康有利。中国俗话说的好："想要人前显贵，一定要人后遭罪。"没有多少人可以随随便便成功，很多成就大事业的成功者都经历了黎明前黑暗中漫长的煎熬。在中国有一位非常受企业家喜欢和尊重的企业家，他就是褚时健。2002年，74岁的褚时健与妻子在玉溪市新平县哀牢山承包荒山种橙开始了第二次创业，85岁被评为中国橙王。2012年，褚时健当选云南省民族商会名誉理事长，2014 年 12 月 18 日，荣获由人民网主办的第九届人民企业社会责任奖特别致敬人物奖。褚时健二次创业的经历再次印证成功都是"熬"出来的。一个人要经得起诱惑，耐得住寂寞，忍得住孤独，扛得起责任才会让人们给你竖起大拇指。

希望下面这个故事能够帮助到正在努力而暂未获得回报的人。

一根竹子用了四年的时间，仅仅长了 3 厘米，但第五年却以每天 30 厘米的速度疯狂生长，后来用了 6 周的时间就长出了 15 米。

其实在前面的四年，竹子的根已经在土壤里延伸了数百平方米。

做人做事也是如此，不必担心此时此刻的付出得不到回报，因为这些付出都是为了扎根，等到时机成熟，你就会登上巅峰。所以，人生需要准备，可是有很多人没有"熬"过那 3 厘米。"普遍性寓于个体之中"，这是哲学给我们的智慧，竹子是这样，万事万物皆如此。对待人生当中的每件事应该明白一个规律，那就是一年得其要领，三年小有所成，五年成为专家，十年成为权威，十五年到二十年成为世界顶尖。专注在某一个领域，用工匠精神，"熬"出成功和伟大。

《奋斗的青春不迷茫》的作者吴江的智慧是值得读者品味的。我衷心地希望每一位阅读此书的人，无论是走在创业道路上还是已经取得一定成就的人，都可以在此书中有所收获，都能够被作者的精神以及作者的智慧所激励，更希望阅读此书的人能翻开人生的新篇章。

上官敬丰 于北京

2019 年 5 月 13 日

推荐序（二）

近日我的学生吴江告诉我他要出一本书，书名叫《奋斗的青春不迷茫》想让我给他写一篇推荐序，对于一个经受过挫折又重新站起来的年轻人，我非常愿意给他写这篇推荐序。

唐李白《古风》之二十："名利徒煎熬，安得闲余步。一个人要成功是要经过一些磨难，挫折和打击，要经历风雨，才能见到彩虹。

提到"熬"人们自然会想到，焦虑，痛苦，受折磨，可是作者在《奋斗的青春不迷茫》对熬有了全新的演绎，他把熬当成了迈向成功的基石，把熬成为了坚持到底的意志力，把"熬"当成了上苍赐给的礼物，我从事教育培训20多年，经常给一些知名的大型企业中国人寿、平安保险、太平洋人寿，北京银行等做培训，结识了一些企业董事长和高管，从他们身上有个共同的特质就是有一种"熬"的坚持不懈的精神，尤其是我出席了五界中国保险界的百万圆桌大会，我有幸做了四界的嘉宾主持，一界的主讲嘉宾，在做主持时，我采访了国内外150多位个人及团队冠军，奥运冠军，从他们身上有个惊奇的发现，就是有一种"熬"的精神，因为他们领悟到了一个哲理，生命的奖赏远在旅途终点，而非起点附近，当你走到第一千步一万步时，仍然可能遭到失败，但成功就藏在拐角后面 ，要有"熬"的耐心，才有成功的机会，在我的生命里，曾经遇到几次大的挫折，最终都是用一颗平常的心"熬"出来的，现在，看一个人不是在你辉煌的时候有多高？而是在遭到挫折失败时弹力有多大！汤越熬越香，人越熬越厚，只要站在未来，活在当下，《奋斗的青春不迷茫》。

李延明　于北京

2019 年 5 月 20 日

时间是一种神奇的存在。

一个人患上了感冒，不论他大费周章寻求最好的治疗，还是放松自己安心静养，一般都要经过一星期左右才能痊愈。

时间，成了不可替代的因素。

这个过程就是熬。

熬，本来是烹饪的工艺。汤粥之所以鲜美，主要是因为我们花了很长的时间，才改变了食材的性质，使其释放出食材的香气。

在人生的道场修炼，就是通过消耗时间去慢慢领悟。很多事，熬过来，才能真正领会其中真意。

人生如逆旅，我亦是行人。

人来世上一遭，总会遇到几个坡、几个坎儿。

包括且不限于：疾病、失业、落榜、背叛、事业不顺、经济下行、巨额债务、家庭变故……

当逆境来临，无论你选择临阵逃避，还是急于摆脱，都是正常的本能反应。然而，大部分的逆境，乃是一场长期的缠斗。在危机面前，收缩是一种理性的策略选择。熬，正是这种选择的体现。

煎熬也用来比喻心境。煎，是一种心理感受。逆境来临，不仅要善于应对外界的匮乏、威胁，更要"善护念"。熬，是一种应对策略，是以极小成本博取未来的进取策略。以星星之火，行燎原之计。

未长夜痛哭者，不足语人生。

没熬过的人，也没资格谈奋斗。

不经历几次逆境，人格发育就难以健全。未曾清贫难成人，不经磨难老天真。

全然的顺境，又何尝不是另一种逆境？

正如日本设计师山本耀司所言，"自己"这个东西是看不见的，撞上一些别的什么，反弹回来，才会了解"自己"。

作为凡夫俗子的我们，难免会被一些烂事儿所困扰，工作不顺、家庭矛盾、社会诸事不公、世事纷争等，都会给我们带来很多无端的烦恼。面对烦恼，有的人郁郁寡欢借酒消愁，有的人坚韧接受，以行动来应对。

有人熬过去了，就会别开生面，人生进入柳暗花明的新境界。

有些人被压垮了，则会怀疑自我，怀疑人生，甚至彻底出局。

在熬的过程中，如何与自己与外界相处，如何熬得有意义，正是这本书要与读者探讨的。

目 录

第 *1* 章
未长夜痛哭者，不足语人生

"自己"这个东西是看不见的，撞上一些别的什么，反弹回来，才会了解"自己"。

—— 山本耀司

以前我以为，人是一点一点长大、一点一点成熟的，但是那一天我知道，人是一瞬间长大的。

—— 李娜《独自上场》

才华与聪明，从来都不是对抗无常命运的预防针。所有的事情，发生在别人身上，叫作故事，只有发生在自己身上，才叫事故。人生需要经历一些事，才能通过自我反省获得成长。

灾厄、变故、世态炎凉，都会让我们重新认识这个世界，重新审视自己。在这之后，我们还要经历一段时间的煎熬。

■ 人是一瞬间长大的

人并不是慢慢长大的，而是一瞬间长大的。

有一个半大少年回忆道："家乡发大水，家都被淹了。好多人都集中在学校，当时武警发给孩子和老人的早饭是手抓饼，而发给我的是馒头。原来在别人的眼里我都不是孩子了。"这种微妙的瞬间，正是普通人对成长的感受。

网球运动员李娜出过一本书，叫作《独自上场》，记录了她从小到大，从默默无闻熬成网坛名将的经历。

1982 年，李娜生于湖北省武汉市。李娜的父亲曾是湖北省队的羽毛球运动员，正是在他的引导下李娜开始了运动生涯。爸爸的全国冠军梦也一直映照在李娜的生活中。

1996 年，李娜 14 岁，进入了湖北省网球队。但这却让她高兴不起来，因为父亲在这一年去世了。因为在外比赛，李娜连父亲的最后一面都没有见到。回家看到父亲已经永远合上了双眼，李娜的泪水止不住地流下来。

父亲的辞世让家庭失去了顶梁柱，也让李娜变得早熟。那时，亲戚不愿意借钱给她们。"一个女人带着一个孩子，孩子的未来怎么样还不知道，人家借给你，你能还吗？"李娜回忆道。

尽管李娜只有 14 岁，她已经挑起养家的重任。李娜开始为养活自己和母亲打球，剪成短发，晒得漆黑，像个小男孩。倔强的李娜从不在人前哭泣。

李娜回忆说："以前我以为，人是一点一点长大、一点一点成熟的，但是那一天我知道，人是一瞬间长大的。"

村上春树说过类似的一句话："我一直以为人是慢慢变老的，其实不是，人是一瞬间变老的。"不论是名人还是普通人，都是经过某件事的触动，而进入另一种心境的。

一直到20岁，李娜都是在教练身边长大，她记忆中的唯一情绪是畏惧。教练是个耿直又火爆的女同志，如果队员错了，说一遍不改，立刻就炸了，如果连续失误，就一顿臭骂。

赢球也不能让李娜获得自信，因为教练怕她滋生骄傲情绪，不会对她进行表扬。

其实教练自己也是这么过来的，运动员一代一代都是这么熬过来的，后来李娜也对此表示了谅解。

在"出成绩"的前提下，高压策略是被默许的，尽管它逼出了极大的承受力，却也逼出了极度的叛逆。

李娜是中国第一代离开体制单飞的职业网球运动员。她辞职离开球队两年，包括后来的单飞，都跟这股心底的叛逆有关。当李娜换了一位温和的外籍教练后，却反而不能接受了，因为他"对我太好了"，她不理解。她说："我已经太习惯被高压和强力推动了。"

李娜曾说自己从来没爱过网球，因为她一直在为别人打球。

记者问李娜："你以前为父亲打球，后来为一个集体打球，现在呢？"

李娜说："为了我自己，为了我的感受打球……是的，不管是成功、失败，我都能接受，因为这是我自己的感受。"这种心路历程的转变，又是一段煎熬。

李娜法网夺冠之后，除了纷至沓来的商业活动，她最需要面对的是外界日益升高的期待。作为一个名人，总要应对外界的评论，其实是一种普通人难以体会的煎熬。俗话说，希望越大失望越大。在温网止步第二轮、美网首轮出局之后，各种批评纷至沓来，李娜陷入低谷。

在李娜最低迷的时候，收到了前女单世界排名第一的萨芬娜发来的信息。

"在我特别低迷的时候，萨芬娜给我发短信，她说不要去管别人怎么说，你就是冠军。不管别人怎么说，也不会抹掉你是冠军的事实。不要让那些不懂的人来污蔑你。那时候我才明白，朋友不只是说在你高峰的时候来和你一起庆祝，在你哭泣的时候可以陪你一起哭泣，才是真正的朋友。"

正如山本耀司所言，"自己"这个东西是看不见的，撞上一些别的什么，反弹回来，才会了解"自己"。所以，跟很强的东西、可怕的东西、水准很高的东西相碰撞，然后才知道"自己"是什么，这才是自我。

熬过这段人生低谷，李娜变得更强。后来的事情大家都知道了，李娜成了亚洲首位获得大满贯女子单打冠军的运动员，是亚洲女单世界排名最高的选手。凭借着超高的球技曾两夺大满贯冠军，令许多对手望尘莫及，她的名字几乎成为中国网球的代名词。

曾经的我，学习、生活、事业都跌入过谷底。19 岁那年，休学半年在工地上当瓷砖工学徒，在拿到第一份靠自己体力赚来的钱时，我瞬间长大了。我开始理解父母的不容易，开始明白这辈子靠体力是实现不了自己梦想的，开始重新规划自己的人生路；23岁那年，从事销售工作，吃尽了苦头，无人理睬，每个月入不敷出，刷爆十几张信用卡过日子。在看到账单那一刻，我瞬间长大了。在25岁那年，年少轻狂，投资失败，负债322万元，当吃饭都成问题时，我知道不能放弃，要坚持，所以静心沉淀，心怀感恩，脚踏实地，用熬的智慧挺过了那段时光。时间是一副良药，只要熬得住，好日子总会出现的。

每个优秀的人，都有一段沉默的时光。那段时光，是付出了很多努力，却得不到结果的日子，我们把它叫作扎根。

任何人的成功都不是偶然，而是平日里含泪忍耐和咬牙坚持换来的必然结果。好日子都是从苦日子里熬出来的，如果你看不到好日子，说明熬得还不够，坚持住了成功就在前面等你！因为阳光总在风雨后。

■ 抱最好的希望，做最坏的打算

斯克代尔是曾在越战中被俘虏的美国军人。作为越南人的阶下囚，他饱受虐待，最终熬到被释放。然而，与他同一批的被俘的战友却没能熬过折磨死在了狱中。记者采访他，问他是如何熬过这段狱中生活的，他的回答却出人意料："我没有想过自己能够活着出狱，我每天想的只是如何面对现实，如何解决眼前的问题。很多战俘幻想圣诞节前能够出狱，而到了那天，发现他们没有被释放，于是又开始新一轮幻想，结果直到元旦、劳动节都没有出去，最终他们大多都精神崩溃了。而我知道我有可能出狱，但是我从来不做不切实际的幻想，我总是考虑如何熬过眼前的困难，所以，最终我活着出狱了。"

我们来看另一个故事。

银行家安迪·杜佛兰，面对妻子的出轨，本想报复，最终却放弃。不料妻子和野男人却在当晚被杀害，安迪被当作第一嫌疑人送上法庭。

妻子的背叛、律师的贪婪、法官的误判、狱卒的凶暴、典狱长的奸诈与黑恶，将年轻多金的安迪一下子从人生的巅峰推送进了人间炼狱。他被判无期徒刑，送进了鲨堡（音译为肖申克）监狱。

同牢的狱友瑞德，因谋杀罪被判无期徒刑入狱，他已成为鲨堡监狱的囚犯们中获得狱中禁品的主要渠道了。只要你愿意花钱，他可以搞到你需要的任何东西：烟酒、糖果，甚至是大麻之类的违禁品。

安迪刚刚入狱的时候，瑞德打赌安迪会在监狱生活的第一个夜晚里哭泣。可安迪的反应只有沉默，这让瑞德非常欣赏安迪，两人成了朋友。在目睹了狱中腐败之后，安迪自知难以讨回清白，只有越狱才能逃出生天。

入狱一段时间后，安迪通过瑞德购买了一把小小的鹤嘴锄，他自己的解释是自己要做一副国际象棋以消磨漫长的狱中时光。之后，安迪又搞到了一位女明星的巨幅海报并贴在牢房的墙上。同时，由于安迪精通财税制度可以合理避税，这使他渐渐地摆脱了狱中繁重的体力劳动，逐步成为典狱长沃登洗黑钱的重要工具。安迪因为善于做账避税出了名，他承揽了当地很多狱警的报税单并为他们制订申请养老金计划。

由于安迪坚持近十年接连不断的"信访"，为鲨堡监狱争取到了全美最好的监狱图书馆。他还无私地辅导帮助众多犯人获得了同等学力。这种堕入泥潭仍不放弃自我，且积极影响周围人的精神力量，体现了一种生而为人的尊严。而正是这种积极的精神感召力，也为安迪赢得了声望和友谊。

一天，一名因偷盗入狱的犯人告诉安迪他曾在另一所监狱中遇到过杀害安迪妻子和情夫的真正凶手时，安迪激动不已，他告诉典狱长并请求帮他昭雪沉冤，讨回公道。然而，典狱长因为安迪知悉他贪污、受贿的内幕是不可能让安迪重返社会的。就以黑恶手段杀害了那个年轻窃贼，并再次将安迪关入狱中。

但是典狱长没想到，安迪用了近20年的时间，在美女海报背后的墙上挖了个地道，而这样的工程，在雷德看来，是一个永远不能完成的任务。

在一个暴风雨的夜晚，安迪成功越狱，并在第二天将典狱长的罪证邮给报社。同时安迪从容地取走了那一大笔黑钱去了无人认识的世外桃源——太平洋上的一个小岛，享受碧海蓝天的逍遥生活。

在得知自己的罪证被曝光之后，预感到末日来临的典狱长畏罪自杀。

这是影片《肖申克的救赎》的剧情，之所以在这里不惜笔墨介绍它，是因为它的确值得我们一再回味。

有人认为，每个人生而有"原罪"，所以这个故事大部分场景都是在监狱中发生的，象征着人在为自己的罪受惩罚。安迪从污秽的下水道爬出去，在雷电交加之中接受暴风雨的洗礼，象征着他赎了自己所犯的罪，从此获得新生。

不管你表面上看起来有多么风光、多么得意，总会有困扰你的事情，也许某种程度上讲你降生于人世就相当于被判了无期徒刑，注定跟监狱的犯人一样，要受到无尽例行公事般的折磨。这种折磨，会让人麻木。正如卢梭所言，人生而平等，却无处不披甲戴锁。

安迪漫长、枯燥的越狱行动所实现的"救赎"不是宗教意义上的救赎，而是面对生活的种种无奈，我们应该怎么办？

世界上许多人说无法选择，不存在什么个性自由，他们认为决定人行为的只是机遇。这种说法是比较偏激的。对于生活，我们有选择权，我们能够选择。

■ 名为"信念"的头盔

如果"有熬头"，很多人并不缺乏吃苦的勇气。但是，有些情况下我们是看不到希望的。信念，是一种从无到有的转化力量。

《肖申克的救赎》何以成为经典，又是什么力量感动了我们?

首先是那种自我救赎的韧性。

大多数人，如安迪的狱友，听天由命，浑浑噩噩地活着，空洞地抱怨命运的不公却不采取行动去改变它。尽管安迪此生无法自证清白，但是从没放弃尊严和希望，从而实现了自我的救赎。

鲨堡监狱，是座人间炼狱，不仅是因为那里狱卒残暴、黑恶横行，更是因为它对人的精神的磨蚀。

在周遭都是黑暗人性的炼狱中消磨生命，似乎只有随波逐流变成行尸走肉才能生存下来。

但是在监狱中服无期徒刑的安迪，不甘就此颓败。他用一个无形的头盔罩护住自己，心中永远有信念。安迪有一种大多数犯人所缺乏的特质，那是一种内心的宁静，一种坚定不移的信念。他认为漫长的噩梦终有一天会结束。

当安迪说要在监狱办一个图书馆时，人家都认为他在做梦。

安迪为了自己和狱友们的精神生活，坚持每周给州政府写一封信要求他们拨款，结果州政府终于禁不住他的一再申诉，在他写了 6 年信后给了他回信，答应给图书馆拨款 200 美元，让他别再继续写信。但州政府的妥协，更加印证了安迪的信念。于是安迪以更高的频次写信给政府，写了十几年后政府终于给他们建造了一个有模有样的监狱图书馆。

这个故事为什么要做那么长的时间跨度，本来这些故事五六年就可以全部发生，但偏偏用 20 年来讲一个故事？

安迪历经了二十年人间炼狱，通过水滴石穿般的不懈挖掘，终于在一个雷雨交加之夜从 500 码（1 码等于 0.9144 米）长的污粪管道中爬出，奔向自由。

因为时间是不可替代的因素，熬是最平凡、枯燥的事情，也是最伟大的传奇。

熬，才是人生的真谛。

■ 名为"钝感"的铠甲

常言道，人言可畏。面对同样的波折，有人淡然处之，有人仿佛面临世界末日。要熬过一些波折，就要善于做好自我心理建设。在熬的过程中，我们要保护好自己的心。

有些人天生敏锐，尤其是年轻人，这固然是一种天赋和优点，但也难免会吃"敏感"的亏。林黛玉敏感，伤春悲秋，寸寸断肠，是个短命人。契诃夫笔下那个小公务员更敏感，一个喷嚏溅到了上司的身上，最后竟然惊恐得送掉了小命。

前面讲的李娜的例子中，李娜面对媒体的评价，也一度陷入低潮。这也许就是成名的代价。没有人会怀疑，卡伦·卡朋特的《昨日重现》这首歌已经穿越时空，成了永恒经典。

卡伦是一个极度的完美主义者，一生中从未放纵自己的行为，她滴酒不沾，更不碰毒品。她的纯洁在娱乐圈属于难得的异数。

她没有任何叛逆行为的纯洁，某种程度上可以视为她遵从社会规则并渴望社会认同的表现，这些社会规则自然也包括以瘦为美的主流审美观点。

卡伦成名后，不得不面对着大众对她外形的批评。

在读到对自己体重饱含苛刻评价的文章后，卡伦非常在意。她开始节食，她的体重不断下降。

随着事业的攀升，她变得越发强迫自己和追求完美，体重进一步下降。

1983 年 2 月，卡伦因厌食症引起的心脏病而昏倒在父母家的衣柜边上，抢救无效离开人世。

这个天才艺人陨落的故事，真的令人扼腕叹息。有时候，大众传媒是非理性的，在一则新闻事件没有"反转"之前，我们只能承受误解，甚至"网络暴力"，这又何尝不是一种煎熬！每个人都要经过一段难熬的日子。熬过了，就是一番新天地；熬不过，就只能出局。

钝感力，是作家渡边淳一发明的一个概念，即"迟钝的力量"。敏锐固然是一种优秀特质，但面对流言蜚语、不公正的批评甚至辱骂的时候，我们真的不要那么敏感。我们需要赋予自己"迟钝"的盔甲，从容面对生活的挫折和伤痛，坚定地朝着自己的方向前进。

钝感不仅可以是保护壳，还可以是一种利器，一种名为"坚韧"的自信，一种进取之力。人言并不可畏，怕的是我们缺乏一副名为"钝感"的铠甲，以至于被闲言闲语打倒。

■ 熬过方知生命之重

很多人可能是在有了小孩后一瞬间长大的。这个时候，责任就来了，逃无可逃。

结婚时还是"男孩""女孩"，当孩子出生那一刻，他们的心理上才发生触动，才真正理解了责任。逃避责任固然能带来轻松，而那恰恰就是"生命不能承受之轻"啊！

承受了生命的沉重，才能真正成人。畅销书作家罗琳，也经历了这样的过程。

乔安妮·凯瑟林·罗琳，当今世界版税收入最高的作家之一。

罗琳于 1965 年出生于英格兰西南部的温特伯恩市。父亲是一名退休的机场管理人员，母亲是一位实验室技术员。

罗琳第一次接触图书，是由于她当时正出麻疹，不得不待在家里静养，父亲为了陪她，就坐在她的床边为她读《杨柳风》这个故事。尽管罗琳父母学历不高，但罗琳家里却有许多书可读——她的姑妈常常隔几个月就给他们家寄一大箱子书来。

罗琳的中学老师摩根夫人认为罗琳是个笨学生。摩根夫人喜欢测试学生的智商并把他们的座位分开。罗琳认为，这种糟糕的教学方法所带来的精神创伤要比体罚还严重。

罗琳自认为不笨，于是报考牛津大学，可惜并没有考上。罗琳后来就读的是离家很近、却没有什么名气的埃克塞特大学。她主修文科，包括法语、希腊文和罗马文。在大学期间，她读到了由牛津大学中世纪文学教授托尔金写的著名幻想小说《指环王》。她特别喜欢这本书中的传奇故事。

罗琳的父母眼界并不高，他们只是出身贫寒又没上过大学的工人，他们认为，罗琳过于活跃的想象力只不过是可笑的个人怪癖，绝不可能拿来付房屋贷款，也不可能确保她能拿到退休金。对于罗琳热爱的古典文学，他们非常反对，因为在他们看来几乎不可能在地球上找到比"希腊神话"更没用处的学科了。

罗琳父母担心的事情真的发生了——罗琳"毕业即失业"，大学毕业后，在伦敦过了一段漂泊的日子。当时她靠打零工糊口，一份工作做完后，不知道明天的早餐钱从哪儿挣。罗琳找到过一份工作是给出版商处理退稿通知，在这期间，她学会了快速打字，这项技术对于她日后成为作家起到了很重要的作用。她由于没有舒适的房子，就养成了在咖啡厅和酒吧里写文章的习惯。

"伦漂"期间，罗琳在大学时的男朋友去了曼彻斯特，她决定去那儿找他。这次旅行带来了一个契机。罗琳到曼彻斯特去见男友，却没有浪漫的事情发生。罗琳决定乘火车返回伦敦。在火车上，她很不开心，40分钟的路程，她一直望着窗外的风景发呆。恍惚间，哈利·波特这个虚构的形象浮现在她的脑海。罗琳突然有了一个基本的思路：一个小男孩，不知道自己是谁，在得到魔法学校的邀请以前，也不知道自己是个巫师。

很可惜，那天晚上她既没带笔也没带纸，罗琳很失望。只好闭上眼睛把浮现在脑海中的每个想法都记住。回到房间以后，她快速地把灵感记在了一个小笔记本上。这就是《哈利·波特》的手稿。此时距罗琳第一次读《指环王》已经有 5 年了。很快，罗琳写的关于《哈利·波特》的短笺就装满了一个鞋盒。罗琳决定将其写成 7 本书。这个计划对于一个还没有出版过作品的作家来说未免有点过于庞大。但她本人却觉得很自然，虽然书的出版遥遥无期。

罗琳的母亲名叫安妮，身患多发性硬化症。罗琳 12 岁时，母亲因疾病所困已经拿不起茶壶了。安妮于 1990 年 12 月去世，年仅 45 岁，可谓英年早逝。

母亲安妮的早逝对罗琳的心理冲击很大，它不仅改变了罗琳的生活轨迹，也彻底改变了《哈利·波特》故事的走向。有一段时间，她的生活漫无目的。她悲痛地返回了曼彻斯特，返回到一种漫无目的的生活状态中。

在这种低迷的煎熬中，罗琳自己劝自己走出阴影，并投身到文字的创作中去。

后来，阴差阳错，罗琳和一位葡萄牙记者乔治·阿兰特斯结婚。婚后，罗琳并不幸福，经常与丈夫吵架，最终被他赶出家门。唯一的安慰是，她身边至少有一个 4 个月大的女儿杰西卡。

离婚后的日子更可以用一个"熬"字来概括。作为一个单身母亲，罗琳母女的生活极其艰辛。

罗琳和女儿杰西卡乘坐北上的火车到了爱丁堡，以便跟妹妹住得近些。得知罗琳在写小说，妹妹说服罗琳让她看已写好的部分，并且立即被迷住了。罗琳承认，如果不是妹妹的肯定与鼓励，自己很有可能会把这些东西全部束之高阁。

尽管罗琳和妹妹的团聚获得了家人的温暖，也获得了创作的鼓励，但现实生活的压力是比《哈利·波特》更紧急的事。

罗琳不想成为妹妹或朋友的拖累，她找到一个临时居所，安顿自己。但罗琳没想到自己的境况会这么糟，没想到自己会和女儿杰西卡住在一套没有暖气、有老鼠出没的公寓。

为拿到救济金，罗琳不得不面对制度化的填表、解释。1993 年 12 月的一天，她来到社会福利署讲述她的不幸遭遇。她必须填写一份又一份的表格，申请援助和房屋津贴。时隔多年，罗琳依然感到难堪，难以释怀，因为申请救济者必须接受问话，向很多陌生人解释为什么会变得身无分文，为什么会变成单亲妈妈。罗琳说："我知道并不是有人要让我感到耻辱和不中用，但那确实是我的感觉。"

罗琳得到的救济是每周 69 英镑（1 英镑约等于 8.6 元人民币），她靠这笔钱让女儿和自己活下去。终于，她再也无法忍受老鼠弄出来的声音，她向朋友借了 600 英镑，想租住好一点的房子。她原以为这样一来，能加快改善杰西卡和自己的居住环境。理想很丰满，现实很骨感。每当罗琳说明她是单亲母亲，想用补贴租房子时，电话另一头一个不耐烦的声音说："对不起，我们不会把房子租给申请救济金的人。"

在罗琳就要绝望时，终于有一个女性房屋中介帮她找了一套没有任何家具的一居室。妹妹和在爱丁堡的两三位朋友借给她几件家具，于是她和女儿搬入租来的一居室。此后三年，母女俩就暂住于此，罗琳则利用厨房的桌子，完成了《哈利·波特——神秘的魔法石》的手稿。

要照顾一个幼儿，其实是一件极其耗费精力的事情。最糟糕的日子是她去妹妹朋友家串门儿，见到她儿子有大量玩具。真是人比人，气死人。"当我收拾杰西卡的玩具时，它们还不够一个鞋盒。我回家后嚎啕大哭。"罗琳说。

哭过之后，罗琳自我宽慰：最怕的事情已经成真了，但自己还活着，自己还有可爱的女儿，自己还有创意，还有一台老打字机。

无论多艰难，罗琳讲故事的愿望和想成为职业作家的愿望从没消失过，这是她的理想。她设想过一个场景：自己在一个商店里把自己的信用卡邮递给任何一个人，他们就会告诉她，她写的是他们最喜欢的书。

作家对工作环境是有要求的。罗琳在咖啡店工作时，获得过很多灵感。现在，连她喝一下午咖啡的钱都不够了。这时，上帝赐予了她尼科尔森。尼尔科森是她妹夫参股的一间咖啡店，她可以享受优惠。

罗琳每天的健身运动，就是推着婴儿车里的女儿出发，步行很远的路，来到尼尔科森咖啡店。当女儿熟睡的时候，罗琳会推着她前往咖啡店，艰难地登上二楼，找一个安静的角落，专心写她的《哈利·波特》。

尼科尔森咖啡店的墙上挂着画家亨利·马蒂斯的作品，很有一种文艺范儿。是不是很浪漫？后来罗琳回忆自己在咖啡店写作的日子时说，在咖啡店写作，孩子在身旁睡觉，这听起来很浪漫，但是当你过这种日子时，实际上体验很糟糕。

罗琳也做兼职，但每周赚取 15 英镑的佣金是上限。超出这个限额，政府便会在她的福利金中扣除相同的数目。

罗琳最喜欢说的话是："人生就是受苦。"也就是说，我们必须承受痛苦才能成长。

熬过的时光，才会被赋予意义。罗琳自己也未曾想过，在未来的时光里，这段经历竟会被报道为神话般的坚定意志。对于身在其中的罗琳而言，无法预料黑暗的隧道何时才是尽头，而尽头的任何光亮，看起来都希望渺茫。

《哈利·波特与魔法石》最终于 1997 年顺利出版，从此，罗琳名气就越来越响，她以惊人的速度成了英国最富有的女人之一。

尼采说："受苦的人，没有悲观的权利。"我要说："身处绝境的人，没有绝望的权利！"我们的困境也许和罗琳不同，但在精神上一定要像她一样，找到目标，咬牙熬过去。

第2章

挺住意味着一切

那些时代的豪言壮语，并非为我们所说出。

有何胜利可言？挺住就意味着一切。

—— 里尔克《镇魂曲》

没有终局的成功，也没有致命的失败，重要的是继续前进的勇气。

—— 温斯顿·丘吉尔

人生，并不是一条百米冲刺的赛道，而是一场持久的马拉松。最重要的不是一时的快慢，而是能够保证"不出局"，能够一直出现在赛道上。

■ 过日子如同"熬粥"

男婚女嫁，乃人生必经之路。

以婚姻生活为例，在经历过短暂的蜜月期之后，就会迎来一个爬坡期。

可以这么说，成家后的日子就是"熬粥"。

你看这个"粥"字，像不像两个人弓着背，抬着一袋米在艰难前行？

所谓"熬粥"，就是两人一起不时地遇到麻烦或困难，然后一起解决麻烦和困难的过程。

当小孩出生嗷嗷待哺、父母苍老疾病丛生、人到中年事业求进时，这也就意味着爬坡期来了。还有一个概念叫"中年危机"，那些生活中的情趣与美好，只能让中年人稍感安慰。为了生计、脸面、房子、车子、票子，很多中年人需要不停周旋，他们关注更多的是各种人情往来、收支压力等等。夫妻之间讨论的更是各种麻烦事的应对策略，各种身心俱疲、分身乏术接踵而来。这种状态，像不像两个人为了"五斗米"而折腰，正在一起用力，艰难前进？

经营婚姻的一个秘诀也在于"熬"。开始是夫妻一起在锅里煎熬碰撞挣扎，到后来慢慢适应顺从融合，终于熬成了一锅暖胃养身充饥之粥。

现在离婚率很高，一个重要原因是"熬不下去了"。在艰难的"坡"面前退缩了，这不能不说是一种遗憾。

爬坡期，更多被用来比喻事业的艰难推进时期。

人在江湖，身不由己，要面临更多的无奈与苦斗。

还有一个概念叫"四分之一人生危机"。很多年轻人，当他们走出校园时，总是对自己抱有很高的期望。但事实上，刚刚踏入社会的年轻人缺乏工作经验，是无法被委以重任的，薪水自然也不可能很高，于是他们就要经历一个"爬坡期"。

因此，对他们来说，参加第一份工作时必须消除不现实的幻想，他们应该认识到，没有任何工作是卑微的、微不足道的。

惠普公司前董事长卡莉·费奥利娜从斯坦福法学院毕业后，找的第一份工作是在一家房地产投资经纪公司任职。她有个职务，但不是"副总裁"，而是"接线生"。她接电话、打字、复印、冲咖啡……尽管她的父母给予她一切关心与谅解，尽管这并非他们所希望看到的一个名校高才生的事业。

在如此庸常的日子里，费奥利娜也只能选择"熬"，甚至从琐碎事情中学习与参悟。

有一天，几个房地产中介的主管认为她不应该被那些烦琐的接线生工作耽误前程，他们问费奥利娜是否愿意做些别的什么。于是，她得到了一次撰写文稿的机会。就是那一刻，就是那一个举措，因为她认为自己能行，所以她得到了一次改变人生的机会。

每一段煎熬的路，都是一段上坡路。

　　在这一刻熬过去的时候，总会有下一个更难熬的时刻在等着。挺住，意味着一切。只有挺住了，才意味着前期的一切付出都没有白费，才能对得起你所承受的苦难。

■ 顺着"白道"走过去

史玉柱在建巨人大厦时资金链断裂，一夜负债 2.5 亿元，35 岁成为"首负"，最难时他曾打算爬到山顶自杀。马化腾创办腾讯，资金链断裂，几欲卖掉 QQ。

很多人会说，我也能连续吃八个月的方便面，我也能摆地摊……如果能够熬出头，我相信大部分人是愿意承受艰难困苦的。

然而，最难的煎熬不是看到结果去坚持，而是看不到结果还要不要坚持。

比艰苦工作更令人不堪的，是看不到希望的努力。

在西方神话里，众神判处西西弗斯永不休止地把一块大石头滚到山顶，到了山顶石头又在自身重力的作用下滚落下去。他们的理由是，再没有比看不到希望的徒劳更可怕的惩罚方法了。

当我们面临西西弗斯般的困境时，更需要智慧和"正念"作支撑。

佛经中有一则譬喻故事，讲的是一个旅人在旷野上走着，发现一条深不可测的大河挡了去路。河的南岸有熊熊的烈火，河的北岸则全是水，只有中间留着一条宽约四五寸的细长白道，一直通往西岸。

旅人正犹豫不决、不知如何是好的时候，背后出现了许多强盗和凶猛的野兽，似乎随时准备扑上前来，旅人心想："我现在要是后退的话，一定会死，可是前进或留在这里，还是会死！我到底应该怎么办呢？"

这时东岸传来一个声音："你要赶快下定决心，朝那条白道走去，只要顺着白道前进，一定不会死的，如果你犹豫不决，就必死无疑。"

接着西边也传来一个声音说："你一心正念，快走过来吧！我会保佑你的，不要害怕掉入水火之中！"

当旅人顺着白道走过去时，身后的强盗和野兽都大声喊道："喂，回来呀！那条路太危险了！"

可是旅人不再理会，一心一意地走过白道，终于到达西岸，得救了。

在这个故事中，东岸比喻烦恼多的世间，西岸比喻极乐世界，强盗和野兽是指我们的感觉作用，水河象征贪婪，火河象征嗔憎，白道代表我们的信心。

这个"二河白道"的比喻，就是要我们不可受杂念的困扰，要抛弃偏见与无明的想法，以理智指导生活。

"时间是现在，事情就在身边，该做的事情就要立刻去做，此时此刻永远不会再回来了。"即使每天过着忙碌的生活，也不可失去原则，对自己的事要仔细选择，然后放手去做，才能得救。

■ 有些路，注定要经历煎熬

腾讯 QQ 的故事是一个经历了漫长煎熬后一夜爆发的神话。

腾讯 QQ 最初模仿的是以色列即时通讯软件 ICQ，当时的名字叫 OICQ。1999 年底，也就是腾讯创办 1 年后。当时 QQ 的注册用户数已经达到了 100 万人。尽管用户量不少，但并没有收费的途径。腾讯的账上只剩下大约一万元现金了。

马化腾开出 300 万元的天价，想把公司卖掉，却处处碰壁。他找到当时的搜狐创始人张朝阳，想以 50 万元的价格卖掉 QQ，张朝阳不仅果断地拒绝了他，还抛出了一句话："你这东西，我找几个大学生不超过 3 个月做得都比你好，根本就不值 50 万元。"张朝阳的判断是正确的，因为当时市场上不仅有 OICQ，还有 AICQ、BICQ……ZICQ，这个软件没有什么突出优点。

据说马化腾找过新浪的王志东，王志东看了一眼心想你那东西我花 10 万元就做出来了。马化腾又找到了雷军，技术出身的雷军呵呵一笑拒绝了。

"大佬"们的态度让马化腾陷入了自我怀疑与否定，那是他创业最难熬的时光。

最终，一家名叫 IDG 的风险投资机构，冒险领投了腾讯。而那时，腾讯账面资金已经是负数。

腾讯融资刚刚结束的 2000 年 4 月，互联网泡沫破灭席卷全球，腾讯可谓死里逃生。

或许再晚几周，资本市场的大门就会紧闭。

在熬过了艰难积累用户的几年之后，QQ 的用户数量悄悄越过了无回报点，各种收费模式都试验成功，接下来便是众所周知的成功传奇。

经济学中有一个概念叫"网络效应"，也称网络外部性，是指产品价值随购买这种产品及其兼容产品的消费者的数量增加而增加。

网络效应产生了"公地喜剧"，意思是网络的用户数量越多，该网络就越值钱。数学家认为，网络价值之总和会随着网络用户数以平方的速度增长。随着用户数达到一定的临界点，其网络价值将呈现爆炸式的增长。

在具有网络效应的产业中，"先下手为强"和"赢家通吃"是市场竞争的重要特征。

联邦快递公司的快递网络就是一个典型，若干年的惨淡经营，利润缓慢增长，在 20 世纪 80 年代早期爬升到一个看不见的临界值之后，便开始了一飞冲天的疯狂增长。

有些路，你做了选择，就注定要经历煎熬。没有什么聪明灵巧可言，唯有忍辱负重，全靠死撑才能熬过来。

■ 积每天的小胜为大胜

人生之路，不是百米冲刺，是一场马拉松，需要耐力和智慧，才能跑得远。

1984 年，在东京国际马拉松邀请赛上，名不见经传的日本选手吉光本一出人意料地夺得了世界冠军。

当媒体问他凭什么取胜时，他只说了"凭智慧战胜对手"这么一句话，当时许多人认为这是吉光本一在故弄玄虚。

1986 年，在意大利国际马拉松邀请赛上，再次夺冠。记者又请他谈经验，吉光回答记者的还是那句话：凭智慧战胜对手。

吉光的这句话也就成了一个"未解之谜"。

八年后，已经退役的吉光本一出版了一本回忆录，道出了其中玄机。他是这么说的："当比赛前，我都要乘车把比赛的路线勘察一遍，并画下沿途比较醒目的标志，比如第一个标志是市政厅，第二个标志是中央公园……这样一直画到赛程终点。比赛开始后，我以百米的速度奋力向第一个目标冲去，等到达第一个目标后，我又以同样的速度向第二个目标冲去。40 多公里的赛程，就被我分成好几个小目标轻松完成了。最初，我并不懂这样的道理，我把目标定在 40 公里外的终点线上，结果我跑到十几公里就疲惫不堪了，我被前面那段遥远的路程给吓倒了。"

行文至此，不防告诉大家，这其实是一则虚构的故事。这种"分割目标"的策略也不是什么独家秘诀。但它仍不失为一则好故事，因为它在试图阐释一个道理：如果目标过大，你应学会把大目标分解成若干个具体的小目标，否则，时间一长达不到目标，就会让你觉得非常疲惫，继而容易产生懒怠心理，甚至可能会使你认为没有成功的希望而放弃你的追求。

我们把大目标分解成具体的小目标，分阶段地逐一实现，就可以尝到成功的喜悦，形成一种"正反馈"，进而去实现下一阶段的目标，分阶段的成功加起来最后就能成大事。

美国哈佛大学行为学家罗布里提出了"小目标成功学"。他认为，有些人误以为自己能一步登天，所以常做梦会一举成名，一下成为一个成大事者。实际上，这是不可能的。一是由于你的能力并不够；二是由于成大事必须经过长久磨炼。因此，真正的成大事者善于"化整为零"，从大处着眼，从小处着手。

许多人"熬不过"，半途而废，并不是因为困难大，而是因为觉得成功的道路是那么漫长、遥遥无期，正是这种心理上的因素导致了失败。把长距离分解成若干个距离段，逐一跨越它，就会轻松许多，而目标具体化可以让你清楚当前该做什么，怎样能做得更好。

第 *3* 章
熬过经济低迷期

最困难的时候，也就是离成功不远的时候。

——拿破仑

天行健，君子以自强不息；地势坤，君子以厚德载物。

——《周易》

世事如潮，经济形势的起伏乃世间的客观规律。我们都曾经抱怨过别人，抱怨过环境，抱怨过经济不景气。抱怨本是正常的反应，无可厚非。但是，千万不要被抱怨的情绪给淹没了。

托尔斯泰说："大多数人想改变这个世界，但却极少有人想改变自己。"我们可以做事情，来改变自己，改变周遭，改变小气候，进而改变大气候。

■ 荆棘中，宜缓行

在一个标榜个性的年代，忍让、宽容甚至得理也饶人，无疑是一种高段位的修养，对于大部分人来说，这种性格的磨砺，也是一种"熬"。听过《第七枚戒指》的故事吗？故事发生在经济大萧条时期的美国纽约。

阿曼达小姐好不容易才找到一份在一家高级珠宝店当售货员的工作。一天，店里来了一位三十多岁的先生，他虽然穿着很整齐干净，看上去很有修养，但很明显，这也是一个遭受失业打击的不幸的人。

此时店里只有阿曼达一个人，其他几个职员刚刚出去。

阿曼达向他打招呼时，男子不自然地笑了一下，目光从阿曼达的脸上慌忙躲闪开，仿佛在说：你不用理我，我只是来随便看看。

这时，电话铃响了。阿曼达去接电话，一不小心，将摆在柜台的盘子碰翻了，盘中有 7 枚金戒指掉在了地上。阿曼达慌忙弯腰去捡。可她捡回了 6 枚以后，却怎么也找不到第 7 枚。当她抬起头时，看到那位男子正向门口走去，顿时，她明白了那第 7 枚金戒指在哪里。

当男子的手将要触及门把手时，阿曼达柔声叫道："等一下，先生。"

那男子转过身来，两个人相视无言，足足有一分钟。阿曼达的心在狂跳不止，心想，他要是粗鲁，我该怎么办？他会不会……

"什么事？"他终于开口说道。

阿曼达极力控制住心跳，鼓足勇气，说道："先生，今天是我第一次上班，你知道的，现在找份工作多么不容易，能不能……"

男子用极不自然的眼光长久地审视着她，好一阵子，一丝微笑在他脸上浮现出来。阿曼达终于也平静下来，她也微笑着看他，两人就像老朋友见面似的那样亲切自然。

"是的，的确如此。"男子脸上的肌肉颤动了一下，回答，"但是我能肯定，你在这里会干下去，而且会很出色。"

停了一下，他向她走去，并把手伸给她："我可以为你祝福吗？"

紧紧地握完手后，他转身缓缓地走出店门。

阿曼达小姐目送着他的身影在门外消失，转身走回柜台，把手中的第7枚金戒指放回原处。她的眼睛有些潮湿，她心里想：唉，这些日子赶快过去，让大家都好起来吧。

这个故事也许还有其他版本，但道理却是一致的。

世事如潮，当经济下行时，更要学会宽容，更要设身处地地为他人着想，学会从对方的立场来看问题，这样会使自己的观点更客观，态度更冷静。古人说，忍为众妙之门。只有忍，才能躲过一些无妄之灾。

古籍中有这么一个故事，说的是从前在江苏省江阴市这个地方，有位姓夏的富翁。一天，夏公正在与客人下棋，忽然有一个人大吼大叫狂奔而来，对他说："姓夏的，我只不过是欠你家二两利息的银子，你为什么命令你的家人每天都来逼我还钱！"

夏公还没来得及回答，这个人又破口大骂，并且还把桌子推翻，棋子落得满地。

夏公就笑着说道："你来我家告诉我这件事情的目的，不就是想免除这二两银子的利息吗？"于是就拿起笔来，写了免除二两银子利息的字据，这个人拿了字据，就急忙道谢离去。

夏公的客人亲眼看见了这一幕，非常佩服地赞叹道："夏公，您真是一位仁德君子啊！"

夏公说："忍为众妙之门！大凡处世待人接物，如果有人以横逆加在我身上，就像是走到了荆棘中。这个时候，也只能够慢慢地走，缓缓地把挡在身前的荆棘解开而已，那些荆棘又怎么能够使我发怒呢？我若是能够不动心，那么这个怨气便可以解开了啊！况且这个人的面貌凶狠、言语激烈，他必定是有备而来的呀！我恐怕激怒了他，会产生意外的变化，所以干脆就宽免了他的利息钱。"

到了这天的晚上，传来消息说，这个人死在自己家中的厕所里面。细问原因才知道，这个人因为被逼债逼得没有办法走投无路，所以才事先服了毒，来到夏公的家中，企图讹诈。因为感于夏公的宽厚，免除了他的利息，也就不忍心讹诈夏公，所以才急急忙忙地赶回家中，寻找解药。然而为时已晚，这时候毒药的药性已经爆发出来，来不及解毒了！

夏公听了之后，就对天拜谢，人们因此都尊敬和佩服夏公。

■ 熬过至暗时刻

未长夜痛哭者，不足语人生。同样，没在长夜里怀疑过自己的 CEO 不足以谈创业。

史蒂夫·乔布斯 22 岁创建苹果电脑公司，继而又领导研制出了魅力四射的 MAC 计算机。7 年后，也就是他 29 岁的时候，已经是天下闻名的总裁、富豪和奇才了。就在这个如日中天的时刻，好运突然没了。

1985 年第二季度，公司首次出现赤字。在同年 8 月的董事会上，由于他与经营精英意见相左，董事会很快解除了他在公司的行政职务，包括他在 MAC 部门的职务。万万没想到，他亲手创立的苹果公司会这样做。一气之下，乔布斯卖掉了自己的全部股权，彻底离开了苹果公司。

公正地说，乔布斯被赶出苹果公司，主要原因还在于他自身。一方面，乔布斯是一位天才，具有超人的远见，还是一位卓越的产品经理。另一方面，他是一位非常难以相处的人，他经常态度粗暴，不尊重他人意见。这种恃才傲物的性格，在公司规模不大时还能勉强维持日常运营。当苹果公司成长为一头巨无霸时，这种 CEO 性格上的缺陷会给公司运营带来致命的风险。

从那一天起，乔布斯开始反省自己对员工苛求的缺陷，开始学会与他人合作。

1989 年，他买下了 Pixar 动画电影制作公司，并引进了电子技术，他用 "0" 和 "1" 画出来的玩具，第一次让那只独霸天下的 "米老鼠"（迪士尼公司）深受威胁。乔布斯不计前怨，再次接受公司重托，担负起重振苹果公司的重任，对产品、人事、生产、经营进行了一系列的改革，并且与苹果的宿敌——微软公司，握手缔结了 "世纪之盟"，使公司从死亡的旋涡中又活了过来。

后来，乔布斯还被《时代》杂志评为当今社会影响最大的 50 个数字时代人物之一。如果，他只瘫在沙发里叹息，只想去讨公正说法，抑或顺势退潮而去，世界也就真的把乔布斯忘干净了。

人生的至暗时刻意味着无比痛苦的煎熬，但对于足够强大的人来说，也常预示着涅槃时刻的降临。

■ 在惨淡经营中寻找出路

曾读过一则国外的商业报道，讲述的是一位名叫丽莎·列肖的女性 创业的故事。丽莎·列肖的父亲是个很小的建筑包工头。他建筑单间住宅，每次一幢，尽管赚钱很慢，却让丽莎明白了在"熬"中等待机会的道理。

她的父亲曾经购买了一套旧宅，然后翻新，一家人住进去感到很舒适，这也让丽莎懂得了不少。

丽莎是 5 个孩子中的老大，她身材骄小，性格内向。她面临的独特挑战迫使她早年就培养了一种内在的力量。她经历了很多不愉快的学校岁月，领会到最好不要按别人的想法去生活。

中学毕业后，丽莎想自己创业。当她决定试一试时，她先在父亲那里打工。有一天，她无意中听到一个车库老板的谈话，她决心抓住这个机遇。丽莎说服了这位老板，雇用她作为这个十分混乱的车库的助理员。她的目的是想学习有关经营这种生意的一些内容，并希望这位老板会雇用她为合伙人。

这家车库生意很惨淡，5 年间换了 6 位老板，它的资源主要靠附近一家酒店，在酒店改建期间，车库生意更是门可罗雀。然而，这家酒店似乎没有停业的趋向。丽莎认为这家车库还是大有潜力可挖的，因为它附近有一个火车站。但当她向车库老板解释如何获得那个有价值的车站的生意时，老板却认为她没有经验，根本不懂经营。

丽莎借了 3000 美元高利贷，让车库老板把车库维持下去，并实现她的销售想法。但车库老板却带着这笔款子逃走了。

这对丽莎来说是个损失，但更是个运气。

她很快巧妙地接手了这家车库，虽然她当时甚至还不懂得汽车怎样换挡。她承担了车库保险费和五六名雇员每小时约两美元的工资。车库的情况很糟糕，但丽莎下定决心改变它。她将汽油费和电费账户改成她的名字，改了公司名称，并努力同业主重新商谈租约。这位业主听到承租人已卷款潜逃感到很惊讶。

丽莎对业主解释说，她愿意经营这个车库。业主善意地暗示她，这可是一桩赔钱的买卖，但看到丽莎有诚意，而且没有其他人会承租这间破车库，也就签订了协议。

丽莎解雇了所有员工，因为她没钱给他们开薪水。

于是年仅 21 岁的丽莎用破地毯做床，搬进了这间车库，她不知道，她要熬过 3 年半这样的生活。晚上，她会在自己房间里驱赶老鼠，不然她就无法入睡。

车库的开放时间是早上 5 点 30 分到第二天的凌晨 1 点 30 分。她把每天收费标准从 4 美元提高到 5 美元，并且把视线放在火车旅客身上，这些旅客过去常常把汽车停在靠近车站的露天停车场上。她制作了一种小传单，在下着雨雪的寒冷冬天，发给停在露天车场外的汽车，传单上写着："你停错了地方。"她还宣传承诺，在她的车库停车 5 天，可免费洗车一次。

慢慢地，这间车库生意有了起色，停车率达到了 70%。

有一天晚上，丽莎忘了关窗户，窃贼持枪爬进来，抢走了她所有的现金，她忍受着许多人无法忍受的痛苦。

丽莎坦言："一天晚上，我在那条地毯上生活了 3 年之后，我想把它扔掉。"那是她情绪最低落的时候，车库很冷，她杯子里喝剩下的咖啡已经结冰。情况不是她想象的那样。突然间，她开始憎恨停车场工作了。

但她已经付出了太多，她不能半途而废，这样又苦撑过了半年。

丽莎以每年 8 万美元赢得了另外一座停车场的承包合同。她为这个停车场设置了栅栏和安全系统，并将停车费由每天 5 美元提高到 8 美元。生意迅猛增多。

丽莎认识到，她的生意要兴旺发达，必须与车库或停车场签订更多的合同，关键是忠实为顾客服务。除为顾客洗车外，她让出纳员给顾客送些小礼物，以巩固与顾客的关系，希望顾客不满意其他的车库老板的服务时，会记得到她的车库来。

她的生意蒸蒸日上，其主要原因就在于她能顺利签下一个车库和停车场的合同。

丽莎说，一般而言，她的出价合理，并且服务优质。而大公司的问题是它们竞相压低报价以求中标，其结果是它们的服务低劣，车主不满意。

1994 年，她获得一项 430 万美元的合同，尽管赚的钱很少，但是，这可以使她获得更多有利可图的合同。

这样，丽莎闯出了一番事业，她拥有了 70 多家车库、300 多名雇员，其个人财产也超过了百万美元。

正在与现实苦斗的人，没有悲观的权利。你其实正面临着一次机会，当环境把你逼到一无所有的境地时，实际上是给了你一辆挖掘宝藏的挖掘机。

■ 麻烦来临，如逆水行船

《伊索寓言》中有一则古老的故事，或许可以给我们一些启示。

有一位青年农夫，划着小船，给邻村的居民运送自家的粮食。那是一个酷热的午后，农夫心烦气燥地划着小船，希望赶紧完成运送任务，以便在天黑之前能返回家中。突然，农夫发现，前面有一只小船，沿河而下，迎面向自己快速驶来。眼看两只船就要撞上了，但那只船并没有丝毫避让的意思，似乎是有意挑衅。

"闪开，快点闪开！你这个蠢货！"农夫大声地向对面的船吼叫道，"再不让开你就要撞上我了！"但农夫的吼叫完全没有用，尽管农夫手忙脚乱地企图让开水道，但为时已晚，那只船还是重重地撞上了他的船。农夫被激怒了，他厉声斥责道："你会不会驾船，这么宽的河面，你竟然撞到我的船上！"当农夫怒目审视对方的小船时，他吃惊地发现，小船上空无一人。听他大呼小叫、厉声斥骂的只是一只挣脱了绳索、顺河漂流的空船。

在多数情况下，当你责难、怒吼的时候，你的"麻烦制造者"或许只是一只空船。那个一再惹怒你的人，绝不会因为你的斥责而改变他的航向。

当然，你完全不必转而去讨好这个人，也没必要和他达成一致意见，甚至你继续厌烦他也无妨。但你一定要清楚，不能让他制造的麻烦转变成你的烦恼。你所能做的，就是以理智行事，让自己可能受到的损失化解到最小。但这种理智，知易行难，对当事人又何尝不是一种"熬"？

在从纽约飞往北京的途中，一位长者和一位老板相邻而坐。随着两人交谈的深入，长者得知这位老板是一家创业型的科技公司创始人时，美国那边的投资银行投入了一些资金，现在经济周期下行，华尔街那边想退缩了。

这位创业者向长者倾诉说：自己快被这些资本家气死了。

长者提醒他说，人生不如意十之八九，这种愤怒于事无补，本质上是责怪自己判断失误。长者说："虽然偶尔失手，但是依然是一个非常成功的创业家。自己整天守着抱怨并不能让事实改变什么，你应该把这当作一种偶然中的必然，终结与华尔街的合作，熬过这段时间。"

长者提醒他说，他的责备从更深一层理解，其实是在责备自己用人失察，判断失误。长者说："虽然偶尔失手，但是你依然是一个非常成功的企业家。自己整天守着抱怨并不能让事实改变什么，重要的是应该从这次失败中总结经验和教训。"

一件麻烦的事、一个麻烦的人就能令我们长时间地陷入烦恼，使我们沉浸于懊恼不能自拔。这个时候的我们常常如逆水行船的那个农夫一样会进入一种非理性的状态。

与其抱怨别人，不如改变自己。你自己改变了，也可能一切就会改观。因为，抱怨只是一种情绪的发泄，于事无补。我们最可以有效改变这种处境的行为，就是做我们自己该做的事，以合乎理性的行动改变事情的走向。或许，这种改变也是一种"熬"，而努力去改变的人，总能用智慧发现机会，把握机会，使本将是无奈的人生过得精彩而美好。

■ 熬过经济下行周期

世事如潮，起起伏伏是客观世界的规律。

被称为经营之神的台湾企业家王永庆，在谈生意经时说，假如要卖雪糕，那么应该从冬季开始，下面这个故事就印证了这句话。我还读过一则夫妻同心创业，熬过经济低迷的故事，让我凭记忆复述一下吧。

时间大约是 1932 年，随着世界经济形势的好转，英国经济大恐慌的局面也似乎好转了一点。但在这个时候来开设一家新公司，的确有些不合时宜，尤其开设家具公司，更是显得荒谬。因为在这段时间里，许多家庭为了节省日用开支，都实施"合并"政策了，不是做父母的搬来跟子女一起住，就是子女搬去跟父母一起住，如此一来，家具市场的销路当然大为减少。

面对这样的一种市场现状，任何人也不曾想到要开设家具公司，但是，伦敦市的一个普通木匠托尼却跃跃欲试。他曾经花费了很长一段时间来考虑这个问题，在反复调查和研究市场以及衡量自己的利弊之后，托尼认为，此时经营家具业并非有赔无赚，因此他最终还是决定要开一家新的家具公司。

在他筹划开新公司的期间，他的许多朋友都笑他在发疯。经济状况如此萧条，人人都在勒紧腰带过日子，谁还有心情去添置新家具？这时候去做家具生意，不是明摆着要血本无归吗？渐渐地，这些议论传进了托尼的妻子玛丽的耳朵里，一向对丈夫怀有坚定信心的她，这时也不禁产生了怀疑，因为她觉得：别人的议论都是实际情况，此时的确不宜于去开一家新家具店。

"托尼，大家对你有些议论，不知你有没有听到？"一天夜里，两人在房中对坐闲谈，玛丽忍不住把内心的疑虑说了出来。

托尼理解妻子的顾虑，就诚恳地解释道："就目前市面上的情形来说，开家具店的确很不合时宜。不过我仔细地考虑过了，别人不能做，但我可以做，而且可以把它做得更好。"

玛丽用疑问的眼神望着他，并露出期待答案的神情。

于是，托尼开始解释自身的优势："说出来道理很简单，因为我自己有木匠手艺，而且，我的手艺已经获得很多老顾客的赞赏和信任。因此，开始的时候，一切都可以由我自己来，用不着请师傅，甚至也不必雇伙计，我自己苦一点就行了。"

"有点道理，但是光有人会做也不成，还要有人买才行，是不是？"

托尼解释道，他只打算生产少量的精品，所以，销售不是问题。

"其实，这些还都不是我现在要开这个家具店的真正目的。"托尼略带神秘地说。

"哦？"玛丽好奇地问，"那么你的真正目的是什么呢？"

"我的真正目的是为将来着想，如果现在不设法把生意做起来，等到市场繁荣以后再做，可就要被同行甩在后面了。"

接着，托尼又进一步对玛丽分析他的看法。在他看来，这场经济危机，

就像是一次大地震一样，把很多历史悠久的老字号商店都毁掉了。但等
到大地震过去——经济恢复繁荣之后，大家都要从头开始，即使有些家
具店还在营业，也势必会陷入休眠状态。如果在这个时候他能够成为家
具制造业的一员，那么至少有两点好处。

首先，这次大危机过去之后，在以后经济恢复繁荣的过程中，政府
一定会采取很多救济措施，他就可以有资格享受这些待遇了。

其次，他一贯奉行"重质不重量"的经营方针，这样不但可以节省
开支，而且还可以趁此机会，跟那些富有实力的大商人搞好关系。将来
一旦生意好起来，这些人必定会成为他的可靠顾客，同时在他们频繁的
社交活动中，也会在有意无意间，替他把公司的声誉宣扬出去。

夫妻二人四处筹钱，终于凑齐了启动资金，生意马上就可以开展了。
于是，托尼将他的公司设在伦敦东部的一个小城镇里，这个地方距伦敦
很近，好像是它的一个近郊。为了人们便于记忆，也为了表示对妻子的
感激之情，托尼把公司的名字命名为"玛丽新家具公司"。

创业期间，托尼表现出了一种"熬"的精神。他名义上是公司的总
经理，而实际上他只不过是技工、收账员和送货员的结合体而已。

当他做好一套家具之后，为了尽快换取利润，常常是自己用车子把
它送到零售店去上门推销，甚至有时候要亲自拉到路上去沿街叫卖。但
当他售出一批货物后，他会立刻马不停蹄地赶到银行存入户头，以便及
时为工人们发放薪水。他的公司在艰难的初创期中，慢慢地站稳了脚跟。
他的言行、他的态度，不管是对员工还是对客户都能给人一种信任感，
所以在他处境极其险恶的时候，人们也有足够的理由相信"他必然能够

渡过难关"。

这种印象的形成，可以说是他这一阶段的最大收获。在此基础上，经过几年的不断努力，他终于度过了这一艰难时刻，迎来了经济的全面复苏，至此，他的事业又踏上了一个新的征途。

在一个经济发展不很景气、外部条件不很优越的现实状况下，对市场做细致入微的观察，从中发现别人看不到的机会，用一个"熬"字为支撑，从头开始，不畏艰难，艰苦创业，最终改变自己原本窘迫不堪的人生道路，这就是托尼成功的先决因素。所以，那些事业刚刚起步、渴望"熬出头"的朋友，看了托尼的故事后，应当会有所启发吧！

第4章

杀不死我的，将使我强大

> 凡不能毁灭我的，必使我强大。
>
> ——尼采

> 失败让我获得的安全感，是我从考试过关中没有获得过的。
>
> ——J.K. 罗琳

反脆弱，是财经作家纳西姆·尼古拉斯·塔勒布创造的一个概念。

脆弱的反义词是什么呢？是"反脆弱"，而不是通常所理解的坚强或者坚固。比如你去健身，几天后就会身体酸痛，不过，随着你持续不断地健身，你的身体会慢慢变得强壮。锻炼的本质是通过适度拉伤肌肉，来增强肌肉。

某些职业是具有反脆弱性的，有些则不是。我们在第一章提到的卡朋特的案例，这位天才歌手没能熬过媒体的非议，患上了厌食症，进而诱发了严重的疾病而去世，令人扼腕。聪明的明星不排斥让记者写些自己的负面新闻，只要她们能熬过适量的诋毁，最终将大大受益。作家、艺术家也属于此类。

■ 挫败所带来的人生红利

作家罗琳说："在挫折中成长，会让人变得更聪明，更强壮，这意味着从此以后你已拥有了牢不可破的生存能力。这些历经艰辛才获得的宝贵财富，比任何资格证书都更有价值。"

传说，小亚细亚本都国王米特拉达梯四世在逃亡期间，因为持续摄入微量的有毒物质，随着剂量的逐渐加大，竟然练成了一副百毒不侵之躯。大仲马的小说《基督山恩仇记》中，也采信了这种说法，让老维尔福摄入微量毒药，以防止其后母的加害。这种对毒药免疫的方法被称为米特拉达梯式解毒法，甚至风靡一时，在古代罗马时期甚为流行。

事实上，不仅在传说中，在现代医学中也有类似的案例。1888 年，德国毒物学家雨果·舒尔兹发现，小剂量的毒物能够刺激酵母发酵，而大剂量的毒物则会造成伤害。事实上，某些果蔬对我们身体的好处可能并不在于能够提供维生素，而是因为植物往往用体内的毒素来抵御食草动物的侵害，我们摄入适当的植物，那么这些毒素就可能会刺激我们的肌体发展。

人类经常会主动摄入一些小剂量的有害物质来提升有机体的健康，从而起到药物治疗的作用。人们不断接受小剂量的某种物质，随着时间的推移，对额外的或更大剂量的同类物质逐步产生免疫，如脱敏治疗和疫苗接种。

叔本华说，逆来顺受是人生的必修课程。

逆来顺受，常用来批评那些甘受命运摆布的人。但在一个祸福相依的世界，如果你能以平静的心态接受逆境，你才能接受、解决、放下，用积极的力量享受当下，创造顺境。

美国神学家尼布尔有一段祈祷词：祈求上天赐予我平静的心，接受不能改变的事；赐予我勇气，改变可以改变的事；并赐予我分辨二者的智慧。

用我们的智慧分辨上述二者，用足够的勇气改变之，用平静的心接受之，我们才不会被乱世所纷扰，不被困难所吓倒。

正如尼采所说："没有痛苦，人只能有卑微的幸福。伟大的幸福正是战胜巨大痛苦所产生的生命的崇高感。痛苦磨炼了意志，激发了生机，解放了心灵。人生的痛苦除了痛苦自身，别无解救途径。这就是正视痛苦，接受痛苦，靠痛苦增强生命力，又靠增强了的生命力战胜痛苦。"

什么人具备"反脆弱"人格？就是那种从逆境和厄运中获益，获得成长的营养，让自己变得更好的人。

■ 修炼你的"反脆弱"人格

1954 年 1 月 29 日，作为一个私生女，一出生，奥普拉·温弗瑞就被母亲抛弃了。

6 岁以前，奥普拉跟外祖母过。外祖母笃信宗教，极其严厉，挨鞭子是奥普拉的家常便饭。

9 岁时，她被表哥性侵。如此环境下，奥普拉堕落了，她学会了抽烟、喝酒、吸毒、鬼混，甚至 14 岁时就和男朋友生下一个孩子，孩子没几天就夭折了。

这段经历曾让奥普拉羞愧难当，再次回到学校时，她决定终身对这件事情守口如瓶，一直把这个秘密埋藏在心里。

14 岁那年，奥普拉被母亲送回父亲身边。父亲极其严苛的管教使她的人生逐渐走向正轨。

15 岁那年，她曾帮阿什贝利夫人照看她那几个调皮的孩子，每小时赚 5 美元，还需要帮这位夫人整理衣柜和房间，却从来没有因为自己额外的这份付出得到过奖励和收入。那个时候，奥普拉第一次清楚地认识到自己的价值并不是由薪水决定的。

于是她读书，参加社团，比赛，上大学，顺利进入电视台做记者。

17 岁在电视台工作，奥普拉每周赚 100 美元。

从新闻节目跳到谈话节目后，奥普拉如鱼得水，开始声名大噪。1985年9月，因为主持得好，《芝加哥早晨》特意更名为更具个人化特征的《奥普拉·温弗瑞脱口秀》。

1998年，奥普拉组建制片公司，把节目收归旗下，兼任老板和主持人。

这在当时需要买下一个工作室，聘请所有的制片人，期间碰到过各种各样的麻烦，但是很庆幸，奥普拉都挺过来了。

可是后来当奥普拉的事业蒸蒸日上的时候，一个家族成员为了利益将她曾被性侵这件事报料给了八卦小报，那时的奥普拉曾感觉天都塌了。虽深受重创，但是终究挺过去了。

困难对"反脆弱"人格者来说就是进步的能源，他们屡败屡战，越挫越勇，能在极端不利的情况下顶住压力，甚至还可以反弹出去，从而突破自我。

■ 是这样，就别无他样

生活是艰辛的，也是复杂的，更不受任何人的掌控，谦逊地接受这一点，会帮助人安然度过生活中的风浪。接受现实，是熬的第一步。

在荷兰首都阿姆斯特丹有一座建于 15 世纪的古老教堂，在教堂的废墟上面有这样一句题词："事必如此，别无选择。"

在漫长的岁月中，我们一定会碰到一些令人不快的情况，它们既然发生，就不可能改变。

曾读到过这样一个故事。尼克和几个朋友在一间废弃的老木屋里的阁楼上玩耍。当他从阁楼上爬下来的时候，先在窗栏上站一会儿，然后往下跳。结果他左手食指上戴着的戒指被一根钉子给钩住了。

巨大的力量把他的整个食指给拉脱了。尼克尖声地叫着，吓坏了，以为自己死定了，可是在他的手好了之后，他接受了这一不可改变的事实。长大后，他就更不会去想自己的左手只有四根手指头了，人的适应性和接受能力比我们认为的要强很多。

有一天，尼克在纽约市中心的一家办公大楼里碰到了一个开运货电梯的老人，他注意到老人的左手齐腕都被截断了。尼克问他少了那只手是否觉得难过，老人回答他说："噢，我的孩子，不，不会的，我根本就不会想到它，除非你让我去做穿刺手术！"

史蒂夫·乔布斯身患胰腺癌被查出后，并未采纳正规治疗，而是寻求"偏方"治疗，尽管后来采用了正规治疗，甚至还移植了器官，但已经回天乏术。

最怕的便是，明明可以解决问题，你却在一味地逃避，一再地自我欺骗，最后问题因一再地拖延，变得既复杂又难解决。

癌症初期，一般可以通过对药物和饮食的控制，而达到良好的治疗效果，如果你一再地拖延，只会令最宝贵的生命都丧失。

我们遇到的事情，多比癌症的事情要小，但却往往会将问题膨胀得比癌症大。在生命面前，一切的问题都是渺小的。

一个未婚先孕的女孩，一直不敢将这个事实告诉自己的母亲以及孩子的父亲。因为她害怕令母亲蒙羞，也怕对方的家庭不接受她，而认为她是个轻浮的女孩，她使得自己一直活在害怕的恐惧中，肚子却日渐大了起来。

再也无法自欺欺人了，女孩她才咬着牙告诉了母亲，也告诉了孩子的父亲是谁，宽容的母亲接受了她怀孕的现实，对方的家庭因为早想抱孩子而喜出望外地表示想尽量迎娶她过门。

女孩害怕面对现实，就自我模拟想象的各种坏的情形。这其实是一种"反事实思考"方式。

在婚礼上，已怀孕 6 个月的肚子已然隆起，新郎望向流着眼泪的新娘说："你是后悔嫁给我吗？"

新娘拭去眼角的泪水，说："不，我只是后悔没有早一点接受幸福。"

许多事是想象力无法模拟出来的，只有真实地去接触，才能知道事情的真相。

　　我的担心、忧虑，如果不经过事实的验证，大多数都是庸人自扰罢了。

　　未发生的事情，当然可以经过思考来避免一些意外的状况，但如果是已经发生的事，面对问题、不自我欺骗才是解决之道。

　　在事情已经无法改变的时候，试着去面对现实去解决问题，事情才会得以解决。

■ 接受事实，是克服不幸的第一步

有一种熬，叫作接受事实。

逃避现实，固然可以维持自己的心理"舒适区"，但毕竟是一种虚妄。有一句哲学名言："对生命不了解的人，生命对他来说就是一种惩罚。"因为不了解生命，很多人每天都过着很痛苦的日子，每天都在折磨自己。

有时，接受现实比改变现实需要更大的勇气。了解生命的人，在改变不了环境时，知道改变自己；在改变不了事实时，知道改变自己的态度。当你在痛苦之中动弹不得时，当一个抉择对你来说难于上青天的时候，你该有的态度应是——接受并面对。

正如我们失手打碎一只茶盏，人在无法改变厄运时，要学会接受它面对它。幸运与不幸相连，所以能否把危机转化为机会，关键在于人们能否正确认知并面对它。

威廉·詹姆士曾说："心甘情愿地接受吧！接受事实是克服任何不幸的第一步。"

戴尔·卡耐基也说："有一次我拒不接受我遇到的一件不可改变的事情。我像个笨蛋，不断地做无谓的反抗，结果带来无眠的夜晚，我把自己整得很惨。终于，经过一年的自我折磨，我不得不接受我无法改变的事实。"

"事必如此，别无选择"，做到并不容易。英王乔治五世在白金汉宫的图书室就挂着这句话："请教导我不要凭空妄想，或做无谓的怨叹。"哲学家叔本华曾表达过相同的想法："逆来顺受是人生的必修课程。"

新英格兰的妇女运动名人格丽·富勒曾将一句话奉为真理，这句话是："我接受整个宇宙。"是的，你我也最好能接受不可避免的事实。如果我们不接受命运的安排，也不能改变既定事实分毫，我们唯一能改变的只有自己。

作家威廉·伯利梭曾写道："人生最重要的不是以你的所得做投资，因为任何人都可以这样做。真正重要的是如何从损失中获利。这才需要智慧，也显示出人的智愚。"伯利梭写这段话时，他已在一次火车意外中丧失了一条腿。

接受困境，是一种修行，是一种历经磨难后的境界。我们要向内看，认识到事物的相对性与局限性。一旦陷入困局或绝境，确实已无法改观或使其变化。至此，需要接受事实，才可调整方向，另辟蹊径。

接受事实不是屈从，不是消极，是理性的积极状态。接受困境的暗喻是寻找新的方向。同时，接受困境是竭尽全力、尝尽艰难后的自我宽容。人的精神，需要通过自我宽容得到解脱。否则，易陷入偏执的自我折磨状态。自我宽容之后，才会寻找新的方向。

电影《我不是药神》讲了一群身患绝症的穷人自救的故事。正如电影中的一句台词所说，贫穷其实也是一种疾病。一个穷人被宣布身患绝症，等于受到双重疾病的困扰。这个时候，等于身处绝境。是逃避现实，麻痹自己，还是寻找一条生路？电影中有着生动的讲述。

■ 既来之，则安之

其实，生活中很多事情会不期然降临到你头上，不管你愿不愿意接受，它都会来，这就要看你怎样对待它了。

一位佛学大师讲：面对困境，你不一定去改变什么，而是需要去接受什么，以一个好的心态坦然地接受它。当你凡事都以乐观的心态去面对的时候，你会惊讶地发现，无论多么大的困难，都是不可怕的，世界原来竟是那么美好，我们的生活处处都充满了阳光。

一位女士有一个至亲之人——她的外甥。因为外甥是她像亲儿子一样从小带大的。一次偶然，外甥出了意外。那一天，女人接到一封电报，说她的外甥已经永远不在了。

白发人送黑发人，她悲伤欲绝。除了这个外甥，她没有子女。在这件事发生以前，她一直觉得生命是那么美好，有一份自己喜欢的工作，有一个心爱的外甥。而现在，世界倾覆了。

就在她清理房间，准备离开这个城市的时候，突然看到一封外甥以前写给她的信中的一段话："不论活在哪里，不论我们离得有多么远，我永远都会记得你教我要微笑，要像一个男子汉一样承受所发生的一切。"

她被这段话击中了，觉得外甥就在她的身边，正在向她说话："你也要照你教给我的办法去做啊，无论发生什么事情——熬住。"

于是，她慢慢走出了悲痛。

是的，作家坎伯也曾经写道："我们无法矫治这个苦难的世界，但我们能选择达观地活着。"

每个人的一生都会遇到诸多的不顺心，悲观的人在遇到困境时，看不到前途的光明，抱怨天地的不公，甚至破罐子破摔，在精神上倒下；而达观的人在遇到困境时，能够泰然处之，无论是顺境还是逆境，都一样从容安静，于黑暗之中向往光明，在精神上永远不倒。

百岁老人杨绛女士也经历了人世的生离死别。

1997 年早春，女儿阿瑗去世。1998 年岁末，丈夫钱钟书去世。

杨绛说：我们三人就此失散了。就这么轻易地失散了。"世间好物不坚牢，彩云易散琉璃脆。"现在，只剩下了我一人。

杨绛在晚年，连续丧女、丧夫，命运的打击接二连三。如果说人生是一场修行，杨绛所走的是一条格外艰难的修竹路。

或许，人生真的只是一座"逆旅"，古人所说的逆旅，就是客栈。达观如杨绛写道：我清醒地看到以前当作"我们家"的寓所，只是旅途上的客栈而已。家在哪里，我不知道，我还在寻觅归途。

被钱钟书誉为"最贤的妻，最才的女"的杨绛，她的达观精神，是我们晚辈的楷模。

杨绛很喜欢英国诗人兰德的《生与死》这首诗——

我和谁都不争，和谁争我都不屑；

我爱大自然，其次是艺术；

　　我双手烤着，生命之火取暖；

　　火萎了，我也准备走了。

　　古希腊文化中有一个地母盖亚的形象，承受苦难的同时又浑然不自知，滋润着人世间。人世间如果没有这种博大、厚德载物的地母精神，我们将面临灭绝的处境。像杨绛一样达观处世，厚德载物，不正是"熬"的内涵吗？

第 *5* 章

人可有霉运，不可有霉相

所谓的好运与霉运，其实是在说一个人的聪明与愚蠢。

——葛拉西安《智慧书》

有人说"人定胜天"，也有人说"命中注定"，两者我都有所感应。其实命定也没什么关系，努力与否，结果会很不一样的。在我过去的体验中，只要越努力，找到的东西就越好。

——李安《十年一觉电影梦》

永远不要忽视运气的因素。

运气，可以是我们陷入困境的主要原因，也可以是我们走出低谷的强大助力。

很多人走出低谷的故事，往往是经过增删演绎的"加料回忆"。有的人把意外的运气当成自己的努力；有些人是在别人的帮助下，成功渡过了难关。然而，运气也是实力的一部分，凭什么有些人就霉运不断，有些人能逆转坏运气？

从唯物主义的角度讲，所谓运气，不过是一个人的生理、心理、情感、性格等因素所造成的其行为的最终结果。承认运气的作用，是我们走出低谷的一个方法。

■ 逆转霉运的方法

人生的低谷，每个人都会经历。而且，人生的低谷还不可能只有一次。

这里有一个走出低谷的简单诀窍：人可以不吃饭，但不能不洗澡。

人越是碰到困境，越要把自己捯饬得清清爽爽。邋里邋遢，不修边幅，你就真垮了。

干净整洁的人，在生活中都是非常受欢迎的，无论人的外貌怎么样，但至少外观上给人的印象就不错。如果一个人总是邋里邋遢，不懂得收拾自己，没有人愿意和他交流，就算真的有贵人，也不会对这样的人出手相助。

凡是参加过军训的人，都应该知道。将棉被 3 分钟内折成整齐方块，是部队叠被子的要求。

其实，世界上很多现代军队，都有类似的要求。部队叠被子，其实体现的是一种非常高明的治军之道，是锻炼部队纪律性一个很好的切入点。

自我管理也一样，积极的行为，可以"以点带面"，从微观影响到宏观。

常言道，一屋不扫何以扫天下。比扫一屋更简单的行为是整理好自身形象，给自我以积极的暗示力量。

同时，选择一种自己喜欢的运动方式，比如散步、远足、跑步、游泳，来提振自己的精神和意志。所以，当你走出了阴影，看到了外面的世界，你就离走出霉运不远了。

这是一种由里及外、由点及面改变自我的秘诀。

诗人弥尔顿曾说："心，就是你生活的天地，你可以活出一个地狱般的天堂，也可以活出一个天堂般的地狱。"

古龙说："一个人无论天生机敏还是天生勇敢，都不如天生幸运。"然而，幸运难道完全是天生的吗？一个令人鼓舞的发现不容置疑：凡是招来好运的人，都具有热情和慷慨的性格；凡是时运不济的人，大多是因为自己的冷漠和狭隘。因此，热情是通往运气的捷径；慷慨是吸引运气的磁石。

■ 卑让，德之甚

厚德载物，是熬的另一重含义。《三国演义》中把刘备描写成一个"高大全"的好人，评价与曹操完全相反。不过，若从个人才能来论，刘备是一个无能之辈。曹操参战的获胜率为八成，而刘备只有两成，可以说是败多胜少。结果曹操顺利地扩充势力，而刘备却时沉时浮，举兵20年后仍毫无建树。这种结果实属必然，因为刘备不仅作战能力低下，而且政治手腕更无法与曹操比。

既然如此，曹操为什么会将刘备视为最强的对手呢？根本原因在于刘备拥有一种足以弥补个人能力不足的武器，这种武器那就是"德"。

刘备身上最突出的美德，是"柔德"，也就是虚怀若谷，刘备为了聘请诸葛亮为军师，不惜三次亲自到诸葛亮的家中去请他。当时两个人的地位相差悬殊，刘备虽然在争霸的过程中不太顺利，但是也颇有名望。而且刘备当时已年近50岁，而孔明却是20岁出头的无名之辈。刘备竟然会特地三次造访孔明，以最崇敬的态度请求孔明做他的军师，这种自知不足，礼贤下士的行为，其实是一种可贵的领导力。

不仅对孔明一人如此，刘备对其他部下也是这样。比如，当赵云从敌人重围中冒着生命危险救出阿斗之后，刘备不是像常人那样欣喜若狂，而是生气地将阿斗轻轻扔到地下，感叹地说："几乎因为你折损了一员大将。"这种爱惜人才的举动，又怎能不使部下甘心追随呢？

反观曹操，虽然能力过人，但是却不具有刘备那样的德行，这也正是他把刘备视为头号对手的原因所在。

刘玄德、曹孟德，二人对德的理解或许都很深刻，却做出了不同的路径选择。

1957年，泰国曼谷的市区内要修一条高速公路，一座寻常的寺庙被列入搬迁之列。泰国是一个全民礼佛的国家，政府对寺庙的搬迁制订了详尽而周密的计划。

在搬迁过程中，一尊"泥塑"佛像在重新安置时裂开一道并不为人注意的细缝。方丈在用一支手电对佛像进行检查时，惊讶地发现裂缝内闪烁着黄金的光芒。这让方丈想起泰国民间关于金佛的传说。在他的一再坚持下，一尊高达3.2米，重近2.5吨的纯金佛像出现在世人的面前。

这一事件在当时引起极大的轰动，人们在对金佛顶礼膜拜的同时，不禁要问，是什么原因让原本流光溢彩的金佛罩上一层泥巴？经历史学家考证后发现，在公元1647年，缅甸国王查空诺拉曾率兵攻打时称暹罗的泰国。战乱前夕，僧侣们将一些珍贵的物品纷纷藏匿，但在如何确保金佛不受战乱损毁上却犯了难，因为它实在太重了，以致无法搬运。危急关头，时任方丈决定给金佛罩塑泥身。一尊价值连城的金佛就这样变成了泥菩萨，却躲过了战乱。这则旧闻给我们的启示是什么呢？那就是适度的谦逊与低调，是一种自我保护的策略。

一个人的谦卑只会让他少受阻力，同时，这样并不会影响他的真实价值，相反，就像地势低洼而成了江河，他会获得更多人的帮助与拥戴。

■ 永远不要做气氛和情绪的污染者

有位谈判专家曾说过：沟通最忌讳的就是一脸死相。不要让难看的脸，破坏了家庭的风水、团队的气氛、企业的氛围。永远不要做气氛和情绪的污染者，永远不要做破场的事。

情绪好似扔入池子里的一颗石子，会激起不断扩散的阵阵涟漪。成年人的世界没有"容易"二字，如果每个人都充满了负面情绪，这个世界一定会凌乱的。有时候，收起负面情绪是一种责任，正如曾文正公所言：打落牙齿和血吞。

积极的情绪不仅是对自己的一种暗示，也是对别人的一种责任。

人与人之间就是这样，虽然独自存在却相互依存，你的痛苦就是别人的痛苦，你的快乐也是别人的快乐。因此，让自己快乐起来，也是一种责任！

坏情绪就像是一种传染病，得了这种病的人大家都避之如蛇蝎。他很快就会发现自己变得孤独、痛苦。不过，有一种很简单的治疗方法，乍看之下似乎有点儿唯心，那就是如果你觉得不快乐，就假装快乐吧！这个方法很多时候是有效的。你很快就会发现自己非但不会将人赶走，反而还能吸引人。你会发现自己能成为人际关系的中心人物，这是多么值得庆幸的事情。于是原本的期望就变成了现实，你也因拥有心灵平静的秘诀而能忘情服务他人。

　　把积极的情绪当作一种责任来履行并成为一种习惯时，它就会开启幸运大门引领我们进入想象不到的新境界中，越来越多的好运气将成为你的朋友。

■ 正确的心态指引我们熬出头

李安的自传《十年一觉电影梦》中有这样一段话：

"人生不是只坐着等待，好运就会从天而降。就算是命中注定，也要自己去把它找出来。有人说'人定胜天'，也有人说'命中注定'，两者我都有所感应。其实命定也没什么关系，努力与否，结果会很不一样的。在我过去的体验中，只要越努力，找到的东西就越好。当我得到时，会感觉一切好似注定。可是若我不努力争取，你拿到的可能就是另一样东西，那个结果也似注定。所以目前的这个局面，可以说它是命定，也可以说是人改造了它。"

有一则故事流传甚广，说的是一位父亲正在工作，为了让他吵闹不休的小儿子老老实实地待在客厅里，以便自己腾出时间来看点书，顺手从书柜里取出一本旧杂志。撕下了印有一幅世界地图的一页，再把这页撕成碎片。对儿子说："如果你能拼拢这些碎片，我奖给你 10 元钱。"

父亲原以为拼拢好一幅世界地图，足足可叫儿子花费一个上午的时间。但是，只用了一小会儿，小孩敲开了父亲的书房门："爸爸，地图拼好了。"对着吃惊的父亲，小孩不无自豪地说："这很简单，在那页杂志的另一面有一个人的照片，我就把这个人的鼻子、眼睛、嘴巴、耳朵拼到一起，然后把它翻过来。假如这个人是对的，这个世界也就会是对的。"对于这个故事，很多人都有不同的解读，我认为这个故事很好地揭示了这个世界的本质与表象。

的确，如果一个人是对的，那么世界也不会错到哪里去。一个人的心态正确了，那么做事的不会太离谱。我们所拥有的幸福、财富和快乐，我们所遭遇的贫穷、痛苦和不幸，多跟我们能否拥有积极态度去思考幸福、构思快乐和追求财富有关。

"人们不会被外界发生的事所搅扰，但却为他们对外界事物的看法所搅扰。"哲学家爱比克泰德在 2000 多年前就曾这样说过。很多时候，由于我们对外界发生的事物理解有误，而导致我们反应过度。"我知道，我是看不到事物的本来面貌的；由于我本身如此，我看到的事物也就如此。"著名歌唱家劳雷尔说。的确，我们对事物的理解，一方面反映了我们所描述的事物，另一方面也在相当程度上反映的是我们自己。现实会改变我们，反过来，我们也会改变现实。

"思想正像飞去来器。"艾琳·卡迪在《变革的熹微》中写道。思想是会从外部世界返回到我们身边来的。如果我们抱着积极的态度，想像生活处处显示着善，那么，我们便会在我们周围的事物中见到善。由于我们用发展的眼光看问题，因而，我们能够从最黑暗的乌云中看到阳光闪耀。消极与悲观、失望是领悟自我的绊脚石，尽管我们有时已经看到了问题的答案。倘若我们将目光聚集在我们内心存在的真实上，那么，外部世界便不会同我们对抗，或使我们挫败。熬，需要一种愿景的指引，犹如人生的灯塔。这需要运用我们内在的理智，将我们的目光从疾病、挫折、失败等外部现象上移开，转而投向健康、强壮、成功等人生向往的景象。因为，我们的目光来自更高的理智！

　　每天早晨，当我们从梦中醒来，我们的态度勾勒出这一天生活的轮廓。一位演说家提出这样一个问题："每天起床的时候，对这一天你是否会问候一句'早晨好，命运'？"你能否理解这种积极向上的观念中所包含的哲理？这种积极向上地看待事物的观念本身，就是支持我们熬住的"灯塔"，指引我们朝着正确的方向行进。

■ 在挫败中重新站起

我本人曾经历过商海沉浮，迷惘中也曾找来各种传记来读。但给我带来最大启示的是一位国外企业家的故事。20 世纪 70 年代的英国有一个名叫吉姆的银行家，此人掌握着一家资本雄厚的证券公司。可是由于金融危机，证券公司一夜崩溃。吉姆的投资全部爆仓，富翁变负翁，但是他最后又从商海中浮了起来。

吉姆属于少年成名的类型， 24 岁取得了会计师资格。吉姆最初在一家亏损达 4 万英镑的公司里工作，由于他的商业天赋，只一年时间就使公司扭亏为盈，并且净赚 2 万英镑。

吉姆开始信心满满了，就辞职去办自己的公司，谁知出师不利，才 3 个月公司就倒闭了。

为了还债，吉姆只好去一家汽车公司打工，升任为该公司销售部经理。大约一年以后，他因为长途奔波推销产品而病倒。在住院治疗和康复期间，贫病交加的吉姆琢磨出了一套"祖鲁人原则"。这条原则有点儿类似今天流行的"一万小时定律"：只要你愿意花时间，选择一个比较狭窄的课题反复钻研下去，就会成为这方面的行家里手。比如说，你在某份杂志上看到一篇有关祖鲁人的文章，仔细读过之后，你就比世界上大部分的人对祖鲁人知道得多些。如果你再跑到图书馆把有关祖鲁人的书籍都借来看，你就比世界上 90% 的人知道得更多。如果你去南非到祖鲁人定居的地方继续研究，你就会成为这个领域的专家。

吉姆认为，重要的是，因为祖鲁人是一个比较狭窄的研究题目，你可以集中精力去对付它。正如激光束要比霰弹枪更好一样，是相同的道理。

吉姆想把祖鲁人原则用到生意中去。为此，他仔细钻研较为狭窄的净利收入领域，而不去研究公司的资产。这种投资理念与后来巴菲特所标榜的价值投资有相通之处。把他的全部钱财用来购买他认为有前途的一家公司的股票，而不是"把鸡蛋放到不同篮子里"。他投入 2800 英镑，三年之后涨成了 5 万英镑。

就这样，他一边炒股、一边打工，从一家公司的商务经理到另一家公司的财务经理。1964 年年初，他辞去工作，全力以赴，做投资顾问。这时，他结识了前运输大臣沃尔克。

就这样，吉姆创办了本文开头所述的证券公司。

到了 1973 年，证券市场崩溃，银行发生危机，地产市场关闭。两年内，这艘大船就沉没了。1975 年吉姆成了"百万负翁"——背了 100 万英镑的亏空，同时，新加坡政府认为吉姆涉嫌金融欺诈，先后向吉姆发了 15 次传票，要求引渡。英国法庭后来做出了有利于吉姆的判决，拒绝引渡，可是吉姆为这事已耗费了一年难熬的时光。

吉姆背着 100 万英镑债务，还要支付利息、生活开支和雇人的开销，外加租用写字楼的费用。

怎么办呢？吉姆于焦头烂额中并未失去理智。先后做了三件事：第一件事是稳住债主；第二件事是维持信用；第三件事是设法赚钱。幸运的是，有个名叫罗兰的朋友认同他的商业理念，愿意同他合伙做倒卖不动产的生意，两个人一起赚了大约 90 万英镑。

同时，吉姆还写书来赚版权税，这些书并不全是商业类的书，还有一些少儿书。他有 4 个孩子，但市面上为孩子们出的好书不多，他就为孩子写书。这也赚了一些钱，但是不多，却能维持日常开销。

吉姆与债主协商，用分期付款方式还债。他在股票生意上赚了些钱，用赚来的钱去填以前的窟窿。

用了五年的时间，吉姆终于把 100 万英镑债务连同利息全部还清了。吉姆的信心也开始恢复了。

从 1973 年起，吉姆也涉足过渔场。他认为这是一种新的"赌博"，因为渔场的风险很大。

吉姆运用他的祖鲁人原则，通过深入研究，在渔场经营上大有收获。

曾经"百万负翁"的难熬经历，让吉姆认为自己并不是一个幸运儿。他并不怨天尤人。那就像打桥牌或玩什么东西一样，你坐下来玩牌，某些人总是抱怨牌运不好，总拿坏牌。吉姆说："我想一个人不会总拿坏牌吧，人们总体来说算是处于中等水平的。"

第6章

受苦的人，没有悲观的权利

人生就是受苦。

——J.K. 罗琳

我能贡献的别无其他,唯有鲜血、劳苦、眼泪和汗水。

——温斯顿·丘吉尔

尼采对超人的定义是:"在必要的情况下忍受一切,而且还要喜爱这种情况。"

受苦的人,没有悲观的权利,正如在地震时,没有喊晕的权利;在失火时,没有怕熏的权利。人在低谷,必须提振自己的精气神,才能挺过去。

■ 人生在世，注定经受煎熬

在很多超市里，价格稍贵的速冻水饺一定是湾仔码头这个品牌，因为它的质量、口感非常不错，湾仔码头的创始人叫臧健和，1945 年出生于青岛市。臧健和原本有一个幸福的家庭，她的丈夫是泰国华侨。

以前两人同在青岛一家医院工作，丈夫是医生，她是护士。结婚后，生有一对活泼可爱的女儿。1974 年，丈夫去泰国定居，婆家是泰国一家有名的丝绸商。

1977 年 11 月，臧健和辞去了护士工作，带着 8 岁的女儿蓓蓓和 4 岁的女儿篷篷，千里迢迢从青岛赶往泰国与丈夫团聚。这次母女 3 人举家南迁，臧健和期盼的是从此一家人共享天伦之乐。可到了泰国，才发现这是个男尊女婢的社会。臧健和做梦也没想到丈夫在泰国已有了妻室并生了儿子。

夫家是一个富裕的家庭，他们以为这样对待臧健和并没什么不妥，甚至算是仁至义尽，她只要安安心心地做这个家庭的附属品就行。泰国允许一夫多妻制，重男轻女的观念甚为强烈，女性除了嫁人，很难再有别的出路。臧健和出生在社会主义中国，妇女地位与男性是平等的。她的理念让她无法承受如此教育。她刻骨铭心地思念故乡。她不能容忍自己的自尊受到践踏和伤害，于是，她一手牵着一个女儿，头也不回地离开了夫家。她在心里暗暗发誓：总有一天，我要让他们对我刮目相看。

臧健和与女儿辗转来到香港，举目无亲，而且身无分文。臧健和想，难道我就这样狼狈不堪地回到故乡吗？她决定留在香港。除了一种永不低头的精神，她一无所有。很快，她就领教了生活的残酷。由于没钱买食物，两个女儿有时饿坏了，甚至只能啃自己的手指头。臧健和看在眼里，疼在心上。作为一个"港漂"再找不到工作，她只好去卖血了。她既不会英语，也不会粤语，找工作遇到了极大的阻力。除了卖苦力，她不知道自己还能干什么。劳工处的工作人员问她："你能干什么？"她小声说："现在我已经没有权利选择工作，而是工作在挑选我，做什么我都愿意。"说完，眼泪就在她的眼眶里打转。那位工作人员有些动容，没几天，就给她找了一份洗毛巾、洗厕所的工作。

那时的她，人称"臧姑娘"，她刚32岁，年轻又漂亮，有好心人"开导"她：香港这个地方"笑贫不笑娼""英雄不问出处"，某某在夜总会陪酒，一年赚了多少多少……臧健和有着中国女性传统的美德，自谓"孔孟之道根深蒂固"。她决不走歪门邪道赚"快钱"，也决不为女儿树立坏榜样。一天打3份工，她经常累得两眼发黑。就在她最疲惫的时候。又因工伤摔断了腰。劳工处对此老板交涉工伤赔偿事宜，老板坚决不赔。

臧健和一气之下将老板告上了法庭。经过审理，法院判给她伤残补贴3万元，另加工资4500元。她将3万元还给了老板，老板不敢相信，脸上红一阵白一阵。在场的两位律师忍不住劝她："臧女士，骨气不能当面包吃，你好需要钱啊！"她的心里一酸，说："能够讨回公道我已经很开心了，这比我的生活更重要。"

伤愈后，臧健和不能再做重体力劳动了。社会福利处的人找到她，说她可以申请公共援助金，每月可以领取足够的生活费用。在别人看来，这是件求之不得的好事。可臧健和谢绝了社会福利署的救援，推起木车仔，在湾仔码头做起摆卖水饺的生意。卖的商品就是她从小熟悉的家乡水饺，她把它定名为"北京水饺"。

第一天刚开业，在人来人往的湾仔码头，她第一次手忙脚乱地生着了火。由于味道好，第一天卖水饺就受到了顾客的称赞，这让臧健和大受鼓舞。

生意虽然很顺利，但食品卫生许可证难以申请得到。因此会时常遭到警察的驱逐。轻则罚款，重则没收所有生活生产用具，对于臧健和"引车卖浆"者来说，无疑是最大的烦恼。但警察也是人，在执法过程中发现她们母女确实可怜，也没有刁难她们，这让臧健和的生意得以维持。支撑臧健和熬过苦难的，还有人与人之间的这种慈悲之心。

久而久之，一传十，十传百，卖出了名气。报纸、电台等各大小媒体争相报道。慕名前来的食客要排一个半钟头的队，才可以等到。再后来，有人来预订，小木车早已来不及供应了。臧健和租了一家店铺开起了水饺作坊。谁能想到，这水饺生意从此一发不可收，香港湾仔码头"北京饺子"的名气越来越响，以至成为香港的名牌产品，甚至连当时的港督府都慕名前来订购。

1978 年起，香港政府要拆迁臧健和居住的木屋，补偿了她 3 万多元钱。这笔资金对臧健和来说，无疑是雪中送炭，使她有了扩大经营的条件。

同年，臧健和到大丸百货公司推销水饺。大丸老板的女儿平常对水饺大加称赞。大丸老板十分惊奇和激动，因为他的女儿很挑食的，能获得她的称赞并不容易。大丸老板问明饺子的来历就认识了臧健和。大丸老板是日本人，有自己的生意眼光，他知道连他嘴刁的女儿都喜欢吃的食品，在香港也一定很受欢迎。他对臧健和说出了想买饺子的意图时，臧健和实话告诉他，自己的水饺是无牌照经营。大丸老板对臧健和说，无牌是不行的，但不要紧，只要使用大丸的包装就没问题。大丸老板还对臧健和说，只要好好合作，大丸会把湾仔饺子推广到全中国甚至推广到全日本去。

但颇有远见的臧健和没有答应。她想，自己的产品怎么能用大丸的包装呢？假如与他合作了一段时间，水饺的制作工艺全被他吸收去了，他不再与我合作，我也没有办法，还不如自己再坚持奋斗几年，等取得了牌照后再说。

经过一番讨价还价，日本人同意臧健和的水饺继续使用湾仔码头品牌，由大丸代理销售，并且包装上可以保留臧健和的联系方式和地址。

几个回合的磋商，生意终于成交了！亲戚非常吃惊："一个在家里做水饺的家庭妇女，竟然能把精明的日本人弄得唯命是从。"臧健和认为，你不据理力争，会被别人欺诈算计。

小人物最大的弱点是还未与大人物过招，就被大人物的来历吓得匍匐在地，臧健和是一个弱女子，但在与日方财团的谈判中却极有主见，绝不放弃自己的原则，这成为她日后事业腾飞的一个关键。

从此，臧健和的"北京水饺"风风光光地打进了香港高档的超级市场，而且一炮打响，销量甚佳，顾客的反映都非常好。与大丸老板的合作取得了空前的成功。在这种情况下，沙田的"八佰伴百货公司"还在建地基时，公司的老板便想将整个食物部转给臧健和经营。但她自知力有不逮，只答应经营一个摊子，不承想这个摊子在开张的第一天，销售额就远超预期。臧健和先后开办了多家工厂，生意如同滚雪球般越做越大。臧健和也被誉为"水饺皇后"。

　　1998 年，臧健和在上海浦东金桥区购买了 20 亩地，与美国合资兴建了一间大型现代化工厂，"湾仔码头"水饺以优质高价的形象入驻全国超级市场。臧健和说："梦无止境，我衷心地希望有一天，中国水饺能像美国的汉堡包一样，在世界各地都能见到。"

■ 熬过低谷，你就是自己的英雄

从无数成功者的经历中可以看到：他们的起步条件并不比我们优越多少，甚至还不如我们，不同的是他们没有在痛苦、抱怨中沉沦，而是积极地利用现有的资源努力进取，甚至把缺陷当成动力，慢慢地，他们就创造、积累了更多、更好的新资源。让我们以一则商业故事来说明吧。

1988 年 4 月 27 日，美国阿波罗航空公司一架波音 737 客机从檀香山起飞后不久，意外的爆炸把前舱顶掀起一个足有 6 平方米的大洞，驾驶员不得不把飞机紧急降落在附近的机场上。这次空难，除了飞机上一名空中小姐被气流从舱顶抛出不幸身亡外，其余 89 名乘客都平安生还。

针对这一事故，波音公司的竞争对手们立即大加宣传，趁机发难，波音公司面临巨大的公关危机。但经过调查后，发现事故是因为飞机太旧、金属疲劳所致。这架飞机已飞了 20 年，起落超过 9 万次，大大超过了保险系数，这样的情况还能使乘客毫不受损，这说明波音飞机质量毫无问题。于是，波音公司组织了声势浩大的宣传攻势，使人们了解了事故的真相，更加坚信波音公司的飞机品质。

结果，公司的飞机销量猛增，仅 5 月份一个月就收到了 70 亿美元订货款，比第一季的 47 亿美元还多。

天有不测风云。有的企业在厄运到来时手足无措，不知如何是好，竞争对手就抓住这一点而肆意攻击，从而使企业陷入困境。

　　而波音公司则善于把不利因素转化为有利因素，善用反证，从而使公司巧渡难关，并因此而名声大振。可见，你不仅可以把握对自己有利的机会进行宣传，而且还可以抓住不利于自己的情况进行反击，化险为夷。

　　这虽然是一家公司的故事，但对于每一个人同样不乏启示意义。诚如休谟所言："一个没有犯任何错误的人，除了他的理解正确以外，不能要求得到任何其他的赞美，而一个改正了自己错误的人，则既表示他的理解正确，又表示他的胸襟光明磊落。"

■ 刻意强求快乐，反倒不快乐

奋斗中的人，需要快乐作为调剂。然而，曾经有人说过，幸福就像小狗的尾巴，小狗转身的时候想捉住自己的尾巴，却怎么也捉不到。可是当它昂首挺胸地向前走，不经意间回头，却发现尾巴乖乖地跟在了自己的身后。

我们在"熬"的过程中，不仅要放下烦恼的执念，连对快乐的执念也要放下。

人不要去强求不属于自己的东西，要学会顺其自然。有的人违背规律去办事，就会举步艰难，而有的人顺应规律，就会得心应手，一路坦途。

每件事物都有其两面性，顺其自然亦是如此，不过人们多是关注它消极的一面，而忘却它积极的一面。它积极的一面便是督促人们能够尽其所能而迷之，不能不在乎结果，不能不在乎名利，但不能过分追求这些东西，否则你会由此失去生活中的许多乐趣——就是如何能够做到既奋斗又不过分追求名利，如何把握这个"度"实在很难。

有位樵夫生性愚钝，有一天他上山砍柴，不经意地看见一只从未见过的动物，于是他上前问："你到底是谁？"

那动物开口说："我叫'快乐'。"

樵夫心想："我每天辛苦砍柴，缺少的就是'快乐'啊！把它捉回去好了！"

这时"快乐"就说："你现在就想捉我吗？"

樵夫吓了一跳："我心里想的事它都知道！那么我不妨装出一副不在意的模样，趁它不注意时赶紧捉住它！"

结果，"快乐"又对他说："你现在又想假装成不在意的模样来骗我，等我不注意时，将我捉住。"

樵夫的心事都被"快乐"看穿，所以就很生气："真是可恶！为什么它能知道我在想什么呢？"

谁知，这种想法马上又被"快乐"发现。它开口道："你因为没有捉住我而生气吧！"

于是，樵夫从内心检讨："我心中所想的事，好像反映在镜子里一般，完全被'快乐'看清。我应该把它忘记，专心砍柴。我本来就是为了砍柴才来到山上的，实在不该有太多的欲望。"

樵夫想到这里，就挥起斧头专心砍柴，一不小心，斧头掉了下来，却意外地压在"快乐"身上，"快乐"立刻被樵夫捉住了。

生命是一种缘，是一种必然与偶然互为表里的机缘。有时候命运偏偏喜欢与人作对，你越是挖空心思想去追逐一种东西，它越是想方设法不让你如愿以偿。这时候，痴愚的人往往不能自拔，好像脑子里缠了一团毛线，越想越乱，他们陷在了自己挖的陷阱里。而明智的人明白知足常乐的道理，他们会顺其自然，不去强求不属于他的东西。顺其自然，绝非被动人生，不是自视清高或阿Q精神胜利法；顺其自然，不是在生活的海边临渊羡鱼，不是在命运的森林里守株待兔，而是洞悉人生、承受一切命运际遇的大智慧；顺其自然，是对生命的善待与珍爱，是对人生的喝彩和礼赞。

据说迪士尼乐园建成时，总经理迈克尔先生为园中道路的布局大伤脑筋，所有征集来的设计方案都不尽如人意。迈克尔先生无计可施，一气之下，他命人把空地都植上草坪后就开始营业了。几个星期过后，当迈克尔先生出国考察回来时，看到园中几条蜿蜒曲折的小径和所有游乐景点有机地结合在一起时，不觉大喜过望。他忙喊来负责此项工作的戈尼，询问这个设计方案是出自哪位建筑大师的手笔。戈尼听后哈哈笑道："哪儿来的大师呀，这些小径都是被游人踩出来的！"

生命中的许多东西是不可以强求的，那些刻意强求的某些东西或许我们终生都得不到，而我们不曾期待的灿烂往往会在我们的淡泊从容中不期而至。我们常想悟出真理，却反而因这种执着而迷惑、困扰。只要恢复直率之心，彻底地顺从自然，道理就随手可得了。

■ 原来你非不快乐

熬，不等于不快乐。有句歌词写道："原来我非不快乐，只我一人未曾知。"其实，人生是快乐的，只不过快乐深藏于心，不容易为人所发现而已。

有首古诗写道："但愿此心春长在，须知世上苦人多。"然而，至乐无乐。现实中真的是有许多人感到自己活得很辛苦，生活中没有一点乐趣。正因为世人心中无"春"，所以才无快乐可言。

事实上，我们对快乐的定义可能过于狭隘了。荣启期在泰山，优哉游哉，鼓琴而歌，孔子路过，就问他为何这等快乐。

荣启期回答道："天生万物，唯人为贵，我得为人，何不乐也？"

正如荣启期所说，生而为人即是一种快乐，快乐是人生的主题。只要我们用心去体会，以饱满的热情对待生活，就能快乐度过每一天。

人活一辈子，需要的东西太多。只有婴儿和老人活得最本真。婴儿刚生下来，还不会争，不会论，不会抢，不会夺，而老人已经和别人争过，论过，抢过和夺过了，现在他不得不躺在病榻上，身体破败得像一床棉絮，掐着手指数日子，生命进入了倒计时："要什么荣华富贵，要什么功名利禄呢？只要让我活着，就好！"是啊，临去之人，其言也善。

可是，为什么年轻时我们不会明白，不会生活，不会将最宝贝的光阴用在最有意义的事情上，而只会较劲，杯弓蛇影，无限矫情？

不要总把"就争这口气"挂在嘴边。真正有水平的人会把这口气咽下去，因为气都是争来的，你不争就没气，只有没气你才会做好事情，也只有没气你才会健康地活着，好生气的人很难不生病。

我们可以从绝症患者的眼神中读到什么是痛苦绝望，也可以非常直观深刻地读出他们求生的欲望。

如果你放在他们面前一座金山、一个显赫的位子、一个光荣的称号，他们一定不会感觉幸福，他们的最高愿望只是活着——健康地活着，哪怕住茅屋，哪怕吃糠咽菜，他们也一定不会觉得苦。可是，又有谁能满足他们的这个愿望呢？世界上没有一个人能真正地救得了他们！

一个绝症患者和一个健康人会争什么东西呢？他们什么也不会和你争，因为他知道自己是要死的人了，拥有什么和失去什么都会变得没有意义，他只乞求上苍，再给他一次机会，再给他一些时间，他一定好好地活，好好地过……

人活一辈子，不要太浮躁，就算你赢了世界又如何？有一则寓言写得相当隽永。

当亚历山大过世时，他曾说："当你们扛着我的身体经过市街时，请将我的手放在棺材的外面。"

大家都感到很疑惑，问："为什么呢？从来没有人听过有这样的事，从来也没有人这样做。"他说："你们一定要这样做。"

大家又问："为什么？"

亚历山大说："好让人们可以看到我也是两手空空地走了。我工作很努力，我很努力奋斗，但是在我的舌头上唯一的滋味就是什么都没有。我两手空空的，我要人们看到亚历山大死的时候是全然的失败！"

熬，是一种生命的状态，是一种平静的心情，一种至乐无乐的修为。

■ 这是个美丽又有缺憾的世界

按照佛经的说法，我们所在的世界被称为"娑婆世界"。

娑婆是梵语，意为堪忍。这也就意味着，大千世界的芸芸众生，生来就是要忍受苦难、经受煎熬的。

一方面，这个世界没有一样事物是完美的，一切都在矛盾之中；另一方面，追求完美会不会是一种逃避行动的借口？

苛求完美的人不会自问能从错误中学到什么，而只是自怨自艾。

美国的 D. 伯恩斯教授曾进行过一项调查，作为他研究工作效果和情绪健康的一个环节。他向 150 名每年收入 1 万～15 万美元的推销员提出一系列问题，结果发现，他们之中约有 40% 是属于苛求完美的人。可以预料的是，这 40% 的人所受的压力，比其余那些不苛求完美的人要大得多。但他们的成就是否更大呢？说来奇怪，答案却是否定的。这些苛求完美的人，在生活中显然较常感到焦虑和沮丧，可是没有任何证据显示他们的收入比其余的人高。

为什么苛求完美的人特别容易情绪不安？为什么他们的工作效果会受到损害？其中一个原因就是，他们以一种不正确和不合逻辑的态度看人生。

实际上，追求完美的人由于经常遭遇挫折和压力，因此可能降低他们的创作能力和工作效果。

　　伯恩斯所说的"苛求完美"，究竟是什么意思呢？有些人以争取高水准为乐，他们要求的是合理的卓越表现，这种健康的追求，并非我们所说的"苛求完美"。当然，不重视素质的人根本就难以获得真正的成就。但苛求完美的人却强迫自己达到不可能的目标，并且完全用成就来衡量自己的价值。结果，他们变得极度害怕失败。他们感到自己不断受到鞭策，同时又对自己的成就不满意。事实证明，强逼自己追求完美不但有碍健康，会引起像沮丧、焦虑、紧张等情绪不安的症状，而且在工作效果、人际关系、自尊心等方面，亦会自招失败。

第7章
弘毅厚重，砥砺前行

士不可以不弘毅，任重而道远。仁以为己任，不亦
重乎？死而后已，不亦远乎？

——《论语·泰伯章》

好好活着！活着就要记住，人生最痛苦、最绝望
的那一刻是最难熬的一刻，但不是生命结束的最后一
刻；熬过去、挣过去就会开始一个重要的转折，开始
一个新的辉煌历程；心软一下熬不过去就死了，死了
一切就都完了。好好活着，活着就有希望。

——陈忠实《白鹿原》

巴尔扎克写道：所谓强者既有意志又能等待时机。

所谓意志力，就是控制自己的注意力、情绪和欲望的
能力。其实就是一种用理性自我控制的能力。

如果我们不去控制我们自己的意识，甚至根本就没有
觉察到我们有自由意志。意志，说白了就是不要过于爱惜
自己，要对自己稍微狠一点儿。

吕新吾《呻吟语》中点评天下英雄：深沉厚重，是第
一等资质；磊落豪雄，是第二等资质；聪明才辩，是第三
等资质。

弘毅厚重，才是了不起的个人特质。

■ 熬鹰，一场意志的较量

北方人到邻居家串门儿，夜很深了，还迟迟不肯离开，主人又不好逐客，让外人知道了，就会说，你熬鹰啊。

熬鹰，是一种训练猎鹰的方式。说白了，就是不让猎鹰睡觉，熬着它，使它困乏。

鹰这种动物，是鸟中的豪杰，它的领地是整个天空，除了击垮它的意志，肉体上的疼痛不会让它屈服于任何人。

真正的熬鹰非常残忍，是真正的人与鹰的意志较量。

头天，猎人会在鹰的周围布上绳网，在这个"牢笼"外就有猎人准备好的清水和鲜肉，苍鹰对此不屑一顾。但驯鹰人就是不让鹰睡觉。

次日，苍鹰更加急躁了，感受到了腹中的饥饿，这时，猎人会殷勤地将羊羔肉捧到苍鹰面前。苍鹰对羊肉置之不理，只会疯狂地用喙去攻击猎人，然而都是徒劳，它的喙只会被铁链阻挡，并且出血。

于是，双方一直僵持着，不给鹰吃喝，不让其睡觉，直至鹰的意志被彻底击垮。

第三天，苍鹰意识到自己已经不是草原上的捕食者而成了阶下囚这个事实。它满嘴血痂，眼中的怒气消散殆尽，疲惫的身躯也无法拖动拴住自己的铁链。

第四天，猎人用录音机播放出野兽的嚎叫。这时苍鹰感受到了孤独无助，鹰身上开始出现明显的战栗，眼中的怒气消散了，有的只是乞怜。

只有当鹰感受到死神将近的时候，它才会屈服，乖乖听话。

这时的猎人会走到围网中将鹰抱起来，抚摸它的头部安抚它的情绪。鹰不再挣扎，它舒展着身体任由猎人抚摸，眼神中透出温柔和顺从。这时猎人会将羊羔肉放在掌心，鹰一口吃掉。这标志着一只鹰熬成了。

一些驯鹰高手会把鹰夹在自己手臂上，昼夜熬鹰，有时候时间甚至长达七天七夜，看谁能熬得过谁。因为稍一疏忽，让鹰睡着，梦见了蓝天、峭壁，那么就会前功尽弃。在这场人与鹰的较量中，双方都在崩溃的边缘徘徊，心灵上不停互相冲击着。最终，活下来的鹰，也失去了桀骜自由的灵魂。

熬鹰的过程可以说非常残酷，抓来的鹰十之八九都要死于寒冷、饥饿或者过度焦虑，熬过去之后也不一定活得下来，能活下来的退去野性的同时还要保证体质强壮，才能经过训练成为真正的猎鹰。

熬鹰固然残酷，人与命运的搏斗，不也是一场更残酷的意志较量吗？

■ 意志力越熬越强

一个人强大的意志力，也是熬出来的。一个能戒掉烟瘾的人，其意志力一定是强大的。

曾国藩的烟瘾在年轻的时候就培养起来了，少时就开始抽上了水烟，逐渐成瘾，以至于一刻不抽，就有六神无主之感。

不过曾国藩非常注重自己的修身，意志力很强大。

曾国藩研究理学的时候，觉得自己抽烟不对。当他认识到抽烟的危害之后，就开始下定决心，一定要戒烟。

于是在道光二十二年（1842 年），曾国藩开始戒烟。然而，多年积累的烟瘾，已经根深蒂固。戒烟谈何容易，各种戒断反应纷至沓来。乍一开始戒烟，各种不适的感觉就向曾国藩袭来。他感到六神彷徨，精神萎靡，心神不能自主，心里总有要重新抽一锅水烟的冲动。

然而他已经做好了一定要戒烟的心理准备。感到难受了，他就赶紧找朋友聊天，下围棋，用这种办法来转移对于吸烟的渴望。用曾国藩自己的话来说，那种难受的感觉，就如同"失乳彷徨"一般。"失乳彷徨"的意思，就是说，身体难受的劲儿，如同婴儿初戒断母乳的样子一般。

曾国藩善于用心理暗示的办法。他自己写道，戒烟之事，绝对不能自己心存侥幸，不能中断，半途而废。如果戒烟这件事做不好，那么"天下无可为之事矣"！小小的烟瘾都戒不掉，那么怎么去为天下人做天事？

正是由于有这样的认识，曾国藩在痛苦煎熬了三个月之后，终于成功戒除了伴随自己半辈子的烟瘾。

年轻时曾国藩好女色，经常花天酒地，出没于妓院。他还曾给一位与他发生过关系的妓女写信，表达思慕之情。

随着官位的升高，曾国藩也意识到自己要戒掉这个毛病。有一次，他参加宴会，宴会上都是各地的官员，官员们带着自己的妻妾，曾国藩当时面对这么多国色天香的美女，看着看着就看呆了。结果在宴会上丢了面子。

回到家后，曾国藩深刻反省了自己，他把自己锁在书房中，不吃不喝面对墙壁，整整待了一天。后来，他想出一个好办法来戒色。那就是终日不出大门，只要没有特别重要的事，他就待在家里，哪儿也不去。他把自己关在书房中，整日读古文诗词，反复地读，以用来抹掉他的锐气。就这样，一个月过去了，经过这一个月的闭门反思，曾国藩一下子驯服了自己的心猿意马。

曾国藩在家书中这样劝诫子弟：身体虽弱，却不过于爱惜；精神越用越精神；阳气越提越盛；每天做事越多，晚上睡觉时越快活。如果存一个爱惜精神的念头，想进又想退，奄奄没有中气，绝难成事。

我们日常谈的精神、毅力、坚持、坚韧、韧性其实都是谈意志力。曾国藩认为，意志力的关键就是不要过于爱惜自己，不妨对自己狠一点。

■ 熬出钢铁般的意志

在现代炼钢技术出现之前，钢是由铁熬成汁，凝固后反复锻造而成的。

生铁这种东西，又松又脆又纯，没有多大的承载力量，也没有多大的用处，虽然不是没有用的废物，但是与废物只不过是有些程度上的差异而已。但是这种近于废物的生铁，经过了若干熬炼锻造，火里来火里去地被百般淬炼，多在被烧得高热殷红的时候，还要遭到巨大的打击。

幸而生铁是冥顽不灵、毫无知觉的东西，所以任人类摆布也始终不会叫苦，也不曾求饶。不然的话，它也许要哀号悲泣，希望得到人类怜悯，中止对它的打击，把烈火熄了，让它保持本来的面目，又松又脆又纯吧！如果是这样的话，哪里还能锻炼密度高、硬度强的钢？

从又松又脆又纯的生铁，经过了这么样的千锤百炼，终于成为人类进步的利器，如果生铁有灵，也当不怨天尤人，而且应该万分感谢人类对它屡施无情的打击，使它能够有些成长而发挥作用。

社会是一只熔炉，其火力的强烈，要高出铁铺里锻炼的洪炉万倍。社会给人类的熬炼，也非人所能预料的。如果你了解了生铁成钢的必经历程，就能理解社会对你的任何磨难。当磨难撞开了潜能以后，也许你就能比钢更韧性，更坚实。

"德慧术智，恒存乎于疾。""于疾"就是磨难，德慧术智就是潜能、潜力的表现。孟子的话，只说明了磨难最后的成果，并没有说出这个成果是由钢铁般的意志所促成的。

塞林格在《麦田里的守望者》中写道："一个不成熟男人的标志是他愿意为了事业英勇地牺牲，一个成熟男人的标志是他愿意为了事业卑贱地活着。"

社会洪炉的火焰在今天燃烧得更加猛烈，意志薄弱的人，自不免望而生畏。初入社会总是朝气蓬勃，似一只初生之犊，什么都不怕，等一旦尝到了磨难，便又觉得自己熬不过，而自甘雌伏。他根本不知道意志还必须经过磨难的锻炼，只要心理健全，磨难是会增强意志的。熬是一个人的成人礼。

■ 聪明并不稀罕，稀罕的是毅力

孟醒先生，江湖人称"雕爷"，是一位连续创业者，其创业故事成为商界的传奇。他在其作品《MBA 教不了的创富课》一书中，谈了自己对"意志"的理解。

有本畅销书很多人可能都看过——《世界上最伟大的推销员》，讲了一个羊皮卷的故事。这本书最离奇的地方在于，作者要求把里面的内容每天朗诵，每一章羊皮卷早、中、晚朗读，一天三遍。一个月后才可以读第二章。需要朗读的羊皮卷有九章，也就是说，这本书，需要九个月才能读完。

我问过许多人，他们都很认同这本书的道理，可就是没一个人真的去做。

我很自豪，我做到了。那些日子里，我遭到不止一个人的嘲笑，认为我神经可能有点问题，那时候，我还是个一文不名的家伙，我梦想获得成功，所以我对自己说，让别人嘲笑吧，既然认定书的作者讲得是对的，为什么不敢坚持？

后来，这个经历真帮到了我。之前，我开公司生意毫无起色，几次都想退却，过着一种《卧虎藏龙》导演李安所说的"无所事事，拖死狗的日子"（李安当过好几年的"家庭妇男"）。但每当想起每天三遍朗读《世界上最伟大的推销员》的时候，我便对自己说，坚持，再坚持一下吧。

在我看来，公司几百名员工中从不缺少聪明人，但聪明而有毅力的实在是太珍稀了！我无法想象，把一项任务交给一个没毅力的人会有怎样灾难性的后果。要知道，许多本来应该倒闭的公司，就是因为有了一群肯坚持的人，才活过来的啊。可口可乐在第一年，只卖出400罐可乐，而波音飞机曾经一度靠卖家具来维持生计，P&G宝洁两位创始人甚至生意惨淡到养不起一只狗……但结果今天他们怎样？大家无不知晓。但坚持这个幕后法宝，却被很多创业的人忽视。

我还知道一个人才被录用的故事，靠的也是表现出的毅力。本来，这位面试者一直遭到拒绝，但他锲而不舍，一再要求人力资源经理给他一次机会。人力资源经理不厌其烦，敷衍道："OK，你过十年再来面试吧。"没承想，得到的回答居然热力四射："好啊，那您看，到时候我是上午来，还是下午来？"

这家伙后来成为那家公司的副总裁。

经过这本书版权方的许可，我引用了这段文字。但我想说的是，坚持，是有视野高度后的坚持！可别傻乎乎地干一件绝无成功可能之事，还硬扛硬挺。这就是古人说的择善固执的道理。

■ 实践、修正、再实践

　　我们不断地接受有关恒心和毅力的教导，所有的高手都要经过一个实践、修正、再实践的精进之路。但恒心和毅力不等于盲目坚持。

　　这里有一个在难易之间抉择的例子，我们不妨来看一看。

　　小明是一个新的证券经纪人。像所有新手一样，主管给他一个电话号码簿和一部电话，让他开始工作。如果他想干得好，就要尽可能多打电话。结果他有超人的毅力，每天打上几百个电话，忍受大量的拒绝，排除众多障碍找到新客户。逐渐地，与他一起开始工作的其他经纪人被他甩在后面，小明开始受到上级的重视，最后成为管理层中的一员。但是他还要在这种广种薄收的销售环境中顽强地苦干，以证明自己的价值。

　　多么愚昧！

　　我们不妨来为小明设计一个小型的业务闭环，通过廉价的报纸广告和推销信向客户发送信息，这样小明就不必再拨打毫无生气的电话了。他只与那些看到自己发布的信息后，给他打电话的人谈生意即可。这些人因为看了广告才来交谈，所以极有可能达成交易。这样，小明的交易量提高了，而又不会像从前忙得不可开交。小明会因为用了这样的简便方式而被认为能力不行吗？

　　在大多数人眼中，尤其是嫉妒他、同时又不清楚事实的主管，会因此认为小明工作消极，不努力。

你也许一直听到大家对你说："熟能生巧。"这是一个极大的谎言。

如果一个推销员不能完成自己的销售任务，他只坐在镜子前，每天模拟练习两个小时，或者把自己该如何行动都背下来，但不去实践，结果又会怎样呢？

熟练不一定能生巧。

就以这个推销员为例，我们可以教给他高效的推销方式，包括成功率很高的推销技巧。我们让他照我们教的方式实习一遍，同时用手机录下这一过程。然后，我们把录像播放给他看，教导他什么地方做得好，什么地方做得不好，他如何修正。我再让他实际操练一遍，再给他录像，再具体地指导他。通过这个实践、修正、再实践的模式，他掌握了这个有效的方式，自己练习运用它，用他的想象力在大脑中不断重复这一过程。当他熬过一定时间之后，必然会成为一名销售高手。

■ 烈火烹油与文火慢熬

有些事情，需要高效完成，适于烈火烹油。

有些事情，不可操之过急，只能文火慢熬。

日本近代有两位一流的剑客，一位是宫本武藏，一位是柳生又寿郎。宫本是柳生的师父。他们之间有一段对话流传甚广。当年柳生拜宫本学艺时，曾就如何成为一流剑客请教老师。柳生问："以徒儿的资质，练多久才能成为一流剑客呢？"宫本答："至少要 10 年。"柳生一听 10 年太久，就说："如果我加倍努力，多久可以成为一流剑客？"宫本答："20 年。"柳生一听还以为自己努力不够，就说："如果我夜以继日一刻不停地练，多久能成为一流的剑客？"宫本答："如果这样的话，你只有死路一条，哪里还能成为一流的剑客？"柳生越听越糊涂，真有点儿丈二和尚摸不着头脑了。这时候，就听宫本说："要想成为一流剑客，就必须留一只眼睛给自己。一个剑客如果只注视剑道，不知道反视自我，不断反省自我，那他就永远成不了一流的剑客。"

有名没名，专心练剑。宫本不愧为一流剑客，深知欲速则不达的道理。

求快成、速成，却忽略了本质，只会招致失败。韧性与毅力，足以测量个人的前途。韧性与毅力是应付困难的工具。韧力强，即便你的智力、能力较差，也能打破困难，而使你走上成功之途。

古人曾说："人一能之，己百之，人十能之，己千之。"又说，"勉强而行之。"无非是表示毅力坚强，就能达到"虽愚必明，虽柔必强"的境界。

韧力强就是至诚，能至诚必能无息，"不息则久，久则徵，徵则悠远，悠远则博厚，博厚则高明"。徵是毅力坚强的第一结果，博厚是毅力坚强的第二结果，高明是毅力坚强的第三结果。徵是成功的第一步，博厚是第二步，高明是第三步，总而言之，有毅力总会成功的。

成功可分三步，也就是说韧力的程度可分为三等，你希望能得到多少成功，就看你有多少毅力。《中庸》的精要点，完全在阐发韧力的重要性。韧力是从哪里发生力量的呢？就在遇到困难的时候，对于困难的演化，《中庸》分析得十分清楚："城则形，形则著，著则明，明则动，动则变，变则化。"形著明动变化是困难演化的六步，也就是向你保证，只要花一分韧力，就能得到一分成果，绝不是最后的毅力才有成果，以前的韧力却是无用的。

你的韧力最易引起别人的同情与敬佩。某行政机关，常利用休息日，发起职员爬山运动，来锻炼个人的体格。年轻同事，当然高兴报名参加，但中年以上的人，多数已无此兴趣，而某甲却毅然决然参加了。因为年龄的关系，体力已差，某甲便落在年轻人的后面。年轻人中有的早已捷足先登，有的却在中途就折回去了，但他还是努力地向上爬去，虽然累得汗流浃背，气喘吁吁，但终于爬上了山顶，令年轻人都感叹不已。某位领导，非常赞许某甲的毅力，有一天，亲自去某甲家去拜访他，谈话之中，更觉得他的精神可嘉，性格坚韧，遂选拔某甲，担任他的部属。某甲的办事，也如他的爬山一般百折不挠，工作成绩自然也就胜人一筹了。

　　所以你不必问前途困难有多少，只要问你的毅力是否能够始终不断就够了。譬如凿山开路，你不停地凿，再回头看看已凿成的路，证明你的用力，丝毫不曾白费，却不必估计未曾开凿的石壁，还有多厚。几日凿不完，就花上几月的工夫，几月凿不完，就用几年的时间去凿，前面的石壁，越凿越薄，而我的毅力却取之不尽，用之不竭。以不尽不竭的毅力来对越凿越薄的石壁，则胜算在握，哪里还有气馁，哪里还会失败呢？

■ 才能是长期努力的报酬

有一则笑话：一个拿了满是"鸭蛋"成绩单的小孩对爸爸说："老爸，你觉得问题出在遗传，还是环境造成的？"

真有"天生的"这回事吗？

难道有"天生的推销员"吗？还是有人天生就当不了推销员？如果你留意一下报纸上的出生启事，看到的都是许许多多的男婴、女婴出生的消息，绝对看不到什么"小推销员"出生的消息。

很多人都听说过"一万小时定律"吧？科学统计已经证明，人们眼中天才之所以卓越非凡，并非天资超人一等。而是付出了持续不断的努力，也就是说，任何领域的专家、高手，都至少"熬"过一万小时后才获得这样的才能的。几度被"吉尼斯世界纪录"列为"世界上最伟大的推销员"的乔·吉拉德，在他49岁时，已连续11年被评为头号汽车推销员。那么，这么说，他应该一定是位"天生的推销员"吧。其实不然，吉拉德中学时曾被逐出校门，只当了不到100天的兵，还曾被40余家公司开除过，连当扒手都没有如愿以偿。他说："人们都说我是一位天生的推销员，其实错了，我现在告诉你们，我是全靠自己的努力才成为'天才的推销员'的。像我这样的人，从头开始都可以办得到，那么，其他人谁都办得到。"吉拉德小时候还患有严重的口吃，你可以想象，这样一个人做推销是什么状况。

英国的理查·布兰森称得上是成功、杰出、知名的企业家之一。他盯上航空界巨人英国航空公司，打得人家落花流水；创立了自己的伏特加和避孕套品牌……讲得实际一点，他涉足的领域无不火爆。作为巨额资产的企业集团首脑，他的作风令人不可思议，他在自己家里运筹帷幄，连计算机都不会用，全靠纸和笔记本，又常常喜欢一头栽进自己完全不了解的行业中去。最有意思的是，他从 19 岁以来，就深受众人瞩目，他靠鲜明的个性及媒体的报道，成功地经营自己的企业。

然而，他从小就视力不好，学习成绩极差，被认定为有"阅读困难症"。他无法集中精力，没有一科成绩说得上可以，这导致他 16 岁时中学辍学。因此，如果把布兰森的成功说成是"天生的"，实在是不可能的。尽管如此，布兰森还是成了亿万富翁。

不要担心遗传和所谓的天赋，也不要担心别人怎么看你的智商、才华、能力、性格这些东西。你可能有些缺陷或弱点，重要的是，你是把它们当成影响你发展的阻碍，还是把它们看成考验你能否跨越的栅栏？

第8章

在各自的"命运时区"里熬出头

如何同枝叶，各自有枯荣。

—— 李白

如果你愿意听别人的话，这个世界会迫不及待地提供你一套失败的标准。

——J. K. 罗琳

《水浒传》开篇写道：人生三十未娶，不应再娶；四十未仕，不应再仕；五十不应为家；六十不应出游。何以言之？用违其时，事易尽也。

然而，有人考证，这不过是落魄才子金圣叹假托的牢骚之言。对于现代人而言，三十而娶反而是上佳年龄。我想说的是，我们不能活在别人规定的"时区"里。

中国古代的圣贤认为，影响一个人命运的不仅仅是"时运"，还包括了"天运"、"地运"以及"人运"，每个人终究得自己决定构成失败的元素有哪些。

■ 你有独特的人生剧本

张爱玲说："出名要趁早呀，来得太晚，快乐也不那么痛快。"

然而，没有一个人的人生是标准的版本，这种与自己无关的俏皮话当作耳边风就好。有人少年得志，有人大器晚成，人人都不一样。

你要搞清楚自己人生的剧本：你不是父母的续集，也不是子女的前传，更不是朋友的外篇。

诚如尼采所言，生命中最难的不是没有人懂你，而是你不懂你自己。

有一则火遍美国社交媒体的小诗这样写道：

纽约时间比加州时间早三个小时，但加州时间并没有变慢。

有人22岁就毕业了，但等了5年才找到稳定的工作！

有人25岁就当上了CEO，却在50岁去世。

也有人直到50岁才当上CEO，然后活到90岁。

有人单身，同时也有人已婚。

奥巴马55岁就退休，特朗普70岁才当总统。

世上每个人本来就有自己的发展时区。

身边有些人看似走在你前面，也有些人看似走在你后面。

但其实每个人在自己的时区有自己的步程。

不用嫉妒或嘲笑他们。

他们都在自己的时区里，你也是！

生命就是等待正确的行动时机。

所以，放轻松。你没有落后，你没有领先。

在你自己的时区里，一切安排都准时。

人生其实就像橘子一样，有些看上去很完美却淡而无味，有些看上去粗糙却滋味十足，你的人生就该是你自己的，因为只有你自己才能知道其中的味道！

乔布斯曾说过："我们的时间很有限，所以不要把自己的时间浪费在重复其他人的生活上，不要被教条束缚，那意味着你和其他人思考的结果一起生活，不要被其他人喧嚣的观点掩盖你真正的内心声音，还有最重要的是，你要有勇气去听从你直觉和心灵的指示，它们在某种程度上知道你想要成为什么样子，所有其他的事情都是次要的。"

上海天亮要比乌鲁木齐早三个小时。每个人的"命运时区"是不同的，不要过分焦虑，不要轻率地与别人做比较，你只需要在自己的命运时区里砥砺前行。

■ 人生四十才开始

南怀瑾曾说：人生四十，已经是总结人生的年龄了，人生四十该回头看了，回头看看当初为什么出发。

当我们回到"初心"，那也意味着人生才真正开始。回望来路，"熬"是修行。

人们都知道希腊船王奥纳西斯，美国也有位船王，他的财富比起奥纳西斯来，毫不逊色。他的名字叫丹尼尔·路德维格。路德维格到不惑之年的时候还没成什么气候，几乎一直债务缠身，屡次走到破产的边缘。

丹尼尔·路德维格，1897 年生于美国密歇根州的南海滩，那是一个很小的镇。路德维格的父亲是个房地产中介。路德维格很小的时候就表现出了经商的天赋。9 岁那年，他发现一条 26 英尺（1 英尺等于 0.3048 米）长的柴油机动力船，因为损坏了而闲置无用。路德维格向父亲借了 50 美元，又用其中一部分雇了人把船打捞上来，然后用剩下的钱雇了几个帮手，花了整整 4 个月的时间，把那条几乎报废的船修理好。次年夏天，他把船租给别人，赚了 50 美元。这一笔钱虽然不多，却给路德维格带来了惊喜，并对他成年后的生活产生了影响。在路德维格 10 岁那年，父亲和母亲因为个性不合离婚了。这样，路德维格跟随父亲离开家乡，来到了得克萨斯州的小城——阿瑟港，一个以航运业为主的城市。

路德维格对船极度痴迷，终于，高中没念完就去码头工作了。开始他给一些船主做帮工，做些拆装修理轮船引擎的活计。路德维格对这一行有出奇的灵气，简直称得上无师自通。常常在别人休息的时候，性格内向的他独自在那里把一些旧的轮船发动机拆了又装，装了又拆，苦苦钻研。很多年老的修理工见他这么有灵气，手脚又勤快，纷纷把自己独到的手艺和技巧传授给他。

天赋加勤奋成就了他不凡的手艺，揽的活越来越多，忙都忙不过来，于是干脆辞去了公司的工作，独自开了个修理厂。

路德维格租下了一家船厂的码头，专门安装、修理各种轮船。生意刚开始很红火，劳维洛积攒了一些钱。可是他并不满足，年轻的路德维格在企业界里磕来碰去，摸索赚钱的方法，可是总不得要领，有时赚钱，有时赔钱，甚至屡屡面临破产的危机。这样，到他接近40岁的时候，还没成什么大气候。他几乎一直都债务缠身，有几次还差点破产。

熬过了平平淡淡的30年之后，路德维格突然想起童年的经历。他悟到一套"借钱出海"赚钱的方法，从此一发不可收拾，在后半生将近40年的时间里，迅速地积累了财富，成为一代"美洲船王"。

所谓"借钱出海"，就是在船的龙滑刚刚支起的时候，他就与石油公司签订了一个长期租赁合同。然后他拿着这份合同找大通银行做抵押贷款。虽然他本人信用不太好，但石油公司信用极好。大通银行经理认真考虑了他的建议之后，决定同他做这笔交易。就这样，路德维格得到了这笔贷款，并由此开始了他的创业生涯。他用这笔贷款又购买了一条老货船，把它改装成一条油轮，并把它租出去。

路德维格这样干了许多年后，船只越来越多，就像是滚雪球一样。他的实力壮大了，他的银行信用状况也大大改观。路德维格开始把"借船出海"模式发挥到极致。路德维格先组织人设计和建造一条船，而在安放龙骨之前，他便找来某家运输公司，让它预订包租这只八字还没一撇的船。随后，路德维格就拿着公司签订的租船合同并以"未来的"租金收入做担保到银行贷款，然后用贷到的这笔钱建造这条船。等到这条船下了水，开始航运时，路德维格的租金收入便开始付给银行。经过数年时间，当这笔钱连本带息全部偿还之后，这条船就是路德维格的了。又是如此这般地干了若干年，路德维格没花一分钱，便成了一条条轮船的主人。

在他的事业基础牢固之后，路德维格又开始在更大的范围和更高的层次运用他那借钱赚钱的绝招。

路德维格非常低调，从不轻易谈论自己的事，无论是接受记者采访，还是在公开场合露面都是这样。没有人能够有机会与他深谈，即使是他的下属职员或者他的邻居。因为他很少直接与人打交道，甚至在今天的互联网上，也极少有关于他的资料。

■ 大器晚成的快餐业霸主

佛家有语：功不唐捐。世界上的所有付出与努力，都是不会白白付出的，必然是有回报的。我们貌似白费的工夫，很可能是下一个机遇之门的入场券。

克拉克年轻时家境不佳，高中只上一年就休学了。他在几个旅行乐队里弹过钢琴，又在芝加哥广播电台担任过音乐节目的编导。从 1929 年起，在随后的 25 年中，克拉克一直从事推销工作，先在佛罗里达帮人推销过房地产，后到美国中西部卖过纸杯。可以说，他一直熬到了中年还没有起色。

作为推销员，他几经周折，屡尝失败的滋味。克拉克在佛罗里达做房产中介失败之后，身无分文。那时，他没有大衣，没有风衣，甚至连一双手套都没有，只有寒冷陪伴着他。

1937 年，克拉克开创了一家经销奶昔机的小公司。他经受了第二次世界大战的冲击，惨淡经营，生意尚能勉强维持。到了 20 世纪 50 年代，已经 50 岁的克拉克，依旧是个小老板，眼看就要默默无闻地了却一生了。

很多人熬过半生，仍然没有抓住机会，但关键在于你是否善于发现机会，并一抓到底。成功的机会可以从一笔买卖、一场交易、一项工作，甚至从一顿饭中获得。

　　1954 年，51 岁的克拉克正是在一次偶然的机会中抓住了他发迹的契机。

　　1943 年，有一对犹太人兄弟——麦克·麦当劳和迪克·麦当劳，前往加州创业，通过对过去 3 年的餐厅收入的研究，他们发现，有 80% 的收入来自汉堡包，而非排骨。这一不经意的发现竟推动了食品服务业的一场革命。

　　麦氏兄弟开始主攻汉堡包，并对经营方式进行了重大改革，采用纸餐具，提供快速的自助服务。这种新颖的卖汉堡包方式大获成功。1952 年 7 月，美国餐厅杂志以封面故事形式介绍了麦当劳的创新。接着，麦氏兄弟开始建立了连锁店，并亲自设计了"金拱门"的招牌。到 1954 年，拥有 10 家连锁店的麦当劳汉堡包餐厅，全年营业额竟达 20 万美元。尽管如此，麦氏兄弟并未意识到自己的创新潜力。

　　那是 1954 年的一天，克拉克作为经销奶昔机的老板，发现麦氏兄弟在圣伯丁诺市开的这家餐馆一下子就定购了 8 台奶昔机。以往从没有人一次就买这么多的机器。为了能长期抓住这个客户，他就特地赶到了圣伯丁诺。

　　麦氏兄弟开的这家餐厅，与当时无数的汉堡包店相比，外表上似乎无太大的区别。但是，麦当劳的作业方式却吸引了克拉克。其时正是中午，小小的停车场里挤满了人，在麦当劳餐厅前排起了长队。麦当劳的服务员快速作业，竟然可以在 15 秒之内交出客人所点的食品。这种高效的工作流程，克拉克从未见过。

　　克拉克抱着好奇的心理品尝了这种食品，味道还不错。更主要的是麦氏兄弟独特的经营方式，确实很有吸引力。此外，克拉克还注意到，麦氏兄弟俩在餐馆前竖起一个巨大的拱形"M"招牌，在加州的另外 9 家餐馆也使用"麦当劳"店名，并且已经有了连锁销售的趋势。当时，他心里盘算的还只是奶昔机，如果每家麦当劳餐厅都买他 8 台机器的话，他就会发财了。于是他就劝说麦氏兄弟多开几家分店，麦当劳弟弟却摇了摇头，指着附近的山坡说："你看到上面那栋房子了吗？那就是我们的家。我喜欢那块地方，要是连锁餐馆开得太多了，我们就忙得不能回家了。"

显然，麦氏兄弟的格局和视野都不够。克拉克凭着多年的经验，意识到机会来了。他看准了麦当劳开连锁店的潜力。第二天，他就与麦氏兄弟进行协商，麦氏兄弟很快就答应给他在全国各地开连锁分店的经销权，但条件是克拉克只能抽取连锁店营业额的 1.9% 来作为服务费，而其中只有 1.4% 是属于克拉克的，0.5% 则归麦氏兄弟。一心想干一番大事业的克拉克，只能选择接受。

1955 年，克拉克成立了麦当劳连锁公司。现实印证了克拉克的判断，到 1960 年，克拉克已经拥有二百多家麦当劳餐厅。随着规模的扩大，麦氏兄弟抽的利金将更多，而且根据当年合约的规定，克拉克不得对麦氏兄弟设立的快速服务系统做任何变动。

权衡利弊之后，克拉克下决心买断麦当劳。

1961 年初，克拉克和麦氏兄弟就开始谈判出让麦当劳之事。但麦氏兄弟开出天价：非 270 万美元不卖！克拉克觉得这简直是敲竹杠，然后考虑再三，最终答应了麦氏兄弟的条件。克拉克使出浑身解数，几经反复，借贷 270 万美元，买断了麦当劳的一切。

至此，克拉克终于可以自由发挥了，他把自己的那一套做法发挥得淋漓尽致。

人们常常认为，人过中年，进取心就会锐减。然而，克拉克却使人们改变了老眼光，在 52 岁才开始新事业的他，经过 6 年的不懈努力真正拥有了麦当劳的全部资产，可谓大器晚成。

青春不仅是年龄，更是心境。岁月流逝，衰微显于肌肤，心灰意懒才是真正的迟暮。

肯德基的创始人，美军退役上校桑德斯的创业史与克拉克的创业经历相映成趣。他刚从军队退役时，妻子携幼女曾经离他而去，他感到生活十分寂寞，总想做点事情。但戎马生涯大半生，除了操枪弄炮，实在没有什么过人之处。直到有一天他收到了一笔政府发的退休金——那意味着他太老了，也该安享晚年了。

上校火了，因为他从来没有意识到自己已经老了，他愤怒地想：我才没有老呢。年过花甲的他想到了自己曾经试验出的炸鸡秘方，便找了几家餐馆要求合作，均遭到了拒绝。于是，他开着自己那辆破旧的"老爷车"，从美国的东海岸到了西海岸，历时两年多时间，推开过 1008 家餐馆的大门，都没有成功。军人的执着使他推开了第 1009 家餐馆的大门，这家老板被他的精神打动，买下了炸鸡的秘方。

桑德斯以秘方作为投资，得到了这家餐馆的股份。这一年，桑德斯先生已经 65 岁了。由于经营得法，从此，肯德基遍布美国，遍布世界。桑德斯老人和克拉克的经历告诉我们，对于希望做事的人来说，并没有年龄界限，使人变老的不是人的年龄，而是人的心态。

■ 最坏的情况，不过大器晚成

你可能已经"熬"了很久，却仍未出人头地。如果你还是没有成为理想中的自己，很可能只是时机未到，你所要做的只是砥砺前行，最坏的情况，也不过是大器晚成而已。

查尔斯·固特异在众多发明家中，应算是一个大器晚成的人物。因为一直到40岁，他几乎没有研究出一点点成绩来，也许这与他着手太晚有着很大的关系。

事实上，固特异少年时的志趣既不在经商，也不在发明，而是想当一名笃诚的传教士。后来由于家庭经济困难，他父亲希望他早点赚钱，这一心愿没有能够实现。

固特异辍学之后，极不情愿地帮着父亲开了一家五金店。后来这家小店在经济危机中全部被淹没，只剩下一笔巨额债务。

"这次生意上的失败，给我留下永生难忘的耻辱。"固特异后来不无辛酸地回忆说，"债主们讨债时的丑陋和恶毒，简直不是一个正常人所能忍受的。"

在当时的债主中，有一个制造小五金用具的商人叫柯斯瓦，他给予固特异的刺激最为深刻，他讨债的手段也最为恶毒。

彼时，固特异由于身体孱弱，被柯斯瓦打倒在地上，并让他爬着走。

经过这次羞辱之后，固特异再也不愿意碰五金生意，他看到一些美国发明家因发明暴富，就选择了做职业发明家的路。

固特异决心研究橡胶制品，但橡胶当时尚属新鲜玩意儿，所以他决定一个人到纽约去求发展。

固特异到了纽约之后，眼界顿觉宽阔，他才知道当时从事橡胶制品研究工作的人，已不下一二十个，而且他们还都有高深的知识和更多的资金。仅仅高中毕业的他，似乎无法和人家竞争，可是他一点也不灰心。

已经到了不惑之年的固特异，非常有紧迫感。他对一位朋友说："没有时间再允许我改变目标了，不管将来能不能弄出一点成绩来，我决心要走到底。"

这位朋友倒也很慷慨，借了一笔钱给他，帮他设立了一个实验室。

固特异自进入实验室之后，就全部身心投入到研究当中去。

他在实验室中埋头工作将近半年，研究成功一种石灰和橡胶的混合制品。此时的他已经把钱花光，这种产品并不完美，几乎没有商业价值。

固特异已经借无可借，以至于一日三餐也成了问题，他只好把一日三餐改成两餐，而且只以粗黑的面包果腹。最后连一日两餐也维持不下去了，只好一天吃一餐。在饥饿的煎熬下，固特异并没有放弃他的实验工作。

终于，固特异研制出了可以商用的橡胶。他找到了一个橡胶公司，想出售这项技术。但这家公司拒绝购买，只答应采用他的技术，在产品卖出后给他提成。

虽然如此，固特异还是十分高兴，毕竟自己的发明可以"量产"了。

可惜橡胶公司采用他的技术所生产的橡胶制品，在空气中存放一阵就会变成一堆废品。

而且，橡胶公司的经理和员工们都认为固特异是一个骗子，甚至还有些尖酸的人建议他去劫路算了，因为劫匪的危害比冒牌发明家小多了。

经过这次的失败再也没有人愿意支持固特异，当他走出那个公司的大门时，露宿街头是他唯一的归宿。

流浪几天后，他遇到了一个救星—— 一个当年他帮父亲开五金店时认识的小五金行老板——凡沙度。凡沙度听到他的遭遇颇表同情，并建议固特异去他的五金行帮忙。固特异兜兜转转，又回到了五金行这个耻辱的原点。

凡沙度太太是一个十分泼辣的女人，固特异的记忆中，当年柯斯瓦讨债时的凶狠样子，也没有这个女人可怕。

在凡沙度的劝说下，她总算是让固特异留下来了。

固特异别无选择，只能增强自己的忍耐力。对于他所受的痛苦他没有一句怨言，他每天都告诉自己：再熬一段时间，积蓄一点钱，把实验再建立起来。

在穷得没有饭吃的时候，他也没有把以前的实验设备卖掉，而是全部存在他朋友路易斯家里，所以他在凡沙度家里工作几个月之后，实验室就又充实得可以用了。

最终，在1844年，固特异44岁那年，他以高温加硫黄处理橡胶的生产工艺获得了专利权。这一实验的成功。标志着固特异自此飞黄腾达。

在早期的橡胶产品中，有一大半是固特异发明的，他得到的专利费多达 30 万美元。这在当时来说，是一个相当可观的数字。

他成功之后，凡沙度太太眼看橡胶工业赚大钱的机会来了，苦于无钱买专利权，亲自去找固特异帮忙，请求他把设计的新产品先让她制造，等赚了钱再付他的专利钱。

固特异毫不迟疑地答应了。但也警告她，有了专利并不能保证经营的成功。

果然，不幸被他言中了，凡沙度的橡胶工厂最后经营不善倒闭了。凡沙度太太因此精神失常。

在固特异的传记上，有这样几句话："固特异如果最后的实验失败，他在人们心目中，也将跟凡沙度太太一样，是个疯子。幸好他成功了，所以他成了天才。"

■ 树立"只有现在"的意识

熬，不是得过且过，而是活在当下。熬要讲究心理建设。亲鸾上人是日本禅宗历史上最负盛名的禅师。亲鸾上人曾说："以为明天可以再欣赏樱花，或许半夜的一阵风，便将花扫落了。"

因此，内心要有"只有现在"的想法，只有发生在"现在"的事情和人，才是可以把握的。

亲鸾上人在9岁时，就已立下出家的决心，要求慈镇禅师为他剃度。慈镇禅师问他说："你还这么年少，为什么要出家呢？"

亲鸾上人说："我虽年仅9岁，父母却已双亡，我不知道为什么人一定要死亡？为什么我一定非与父母分离不可？为了探究这层道理，我一定要出家。"

慈镇禅师非常嘉许他的志愿，说道："好！我明白了。我愿意收你为徒，不过，今天太晚了，待明日一早，再为你剃度吧！"亲鸾上人听后，非常不以为然地说："师父！虽然你说明天一早为我剃度，但我终是年幼无知，不能保证自己出家的决心是否可以持续到明天？而且，师父！你那么年高，你也不能保证你是否明早起床时还活着。"

慈镇禅师听了这话以后，拍手叫好，并满心欢喜地道："对！你说的话完全没错。现在我马上就为你剃度吧！"

时间，是熬的基本要素，把握当下，才能不让我们白熬。

任何事，只会在"现在发生一次"。

人们经常会缅怀过去，憧憬未来，可是，过去和未来都无法掌握在自己的手中，所以，最重要的还是现在。

仔细想来，昨天是今天，明天是今天，今天是今天，后天也是今天，未来的每一个日子，都是今天的连续，每个人的一生都是由"现在"累积而成的。

过去的自己虽然成为现在的自己，可是，却不一定可以持续到未来。所以，不要忽略了"现在"这个生活的重要时刻。

第 *9* 章

相信时间的力量

结硬寨，打呆仗。

—— 曾国藩治军格言

除了聪明别无财产的人，时间是唯一的资本。

—— 巴尔扎克

熬，是不使小聪明，不用小机灵，用慢功夫去成功。

许多人高估了一年可以完成多少事，却低估了十年可以做成多大事。

导演李安说，他是 36 岁才开张，很晚熟的人。生长本身是需要孕育的，年轻人要准许自己被孕育。

有些事，需要只争朝夕。还有一些事，需要慢慢来。

■ 慢慢来，比较快

熬，又笨又慢的动作。

在华人导演中，李安无疑是一个标杆性的人物，从《饮食男女》、《冰风暴》、《卧虎藏龙》、《断背山》、《色·戒》到《少年派的奇幻漂流》，各种不同的电影题材，李安都能从容驾驭。

当有人问李安，对青年导演有什么建议时，他说："别着急，慢慢成长。"这确实是他的经验之谈。

李安祖籍江西德安，出生在一个典型的中国式家庭。李安的父亲是一名老师，随着国民党到了中国台湾，组建家庭，生下李安。

李安的父母在中国台湾都是教师，父亲做过校长。

中学一年级的时候，父亲拿来一张大学意向表让李安选择。李安十分迷茫，无奈之下他告诉父亲："我想当导演。"

其实，当时他自己也不知道导演到底是干什么的，也许这种潜意识冒出的选择，才是一个人最渴望从事的职业。

在父亲看来，这也不过是小孩的戏言，哈哈一笑过后，就置之脑后了。

李安在自传里写道，他曾两次高考落榜，却意外步入舞台生涯。

第一年考大学，李安以 6 分之差落榜。第二年，再度以 1 分之差落榜。

两次高考落榜的李安，非常沮丧而狂躁，他把自己关在屋子里，拒绝和任何人接触。父母甚至担心他会因此自杀，所以派弟弟李岗日夜盯着他。

据李安自己说，走上艺术的路，只不过是无路可走后的选择。

高考失利，读不成大学，李安只好去一个门槛很低的专科学校学戏剧。参演一次舞台剧后，李安隐隐约约发现了自己确实有当导演的某些天分。

父亲私下问李安："你要不要重考？"

李安说："我不复读。我觉得我是属于这一行业的。"

父亲沉默良久，他告诉李安："不复读也行，但是有个条件，必须要出国留学。"

父亲认为，留洋镀金，多少能找补回来一点面子。父亲对李安将来的设想是：出国留学，回来当老师。

艺术专科学校毕业后，他前往美国留学，先是在伊利诺伊大学学习戏剧导演专业并获戏剧学士学位，后又前往纽约大学学习电影制作，获得电影硕士学位。然后又遭遇"毕业即失业"，不得已，只能靠老婆养着，在家煮饭，带两个孩子，做全职"家庭煮夫"。

李安从 30 岁到 36 岁依旧一事无成，只能在美国煮饭，带两个孩子，做家务，和儿子一起等待"英勇的猎人妈妈带着猎物回家"。

就这样过了整整 6 年全职"家庭煮夫"的日子。李安说："耗了 6 年，心碎无数，我若是有日本丈夫志节的话，早该切腹了。"

虽然没人批评他，但他知道人们怎么看他的。当李安被社会重压逼迫得想要改行学计算机时，夫人林惠嘉博士点拨他："学计算机的那么多，又不差你李安一个！"李安自己在接受采访的时候也曾说过，自己最感谢妻子的地方，就是她给了自己最大限度的自由，让自己能完全沉迷于电影梦想当中。

经过努力，他的剧本《推手》、《喜宴》在中国台湾获奖了。然而，此时的李安，银行账户里只有 43 美元，连回去领奖的机票都买不起。好在组委会体贴，承诺报销来回差旅费，李安才最终决定回台湾领奖。此时是 1990 年底，李安已经 36 岁。剧本得了奖，很快就有人投资，让李安执导拍摄《推手》。李安第一次有了导演工作。

很多事情表面上是一夜成功，其实背后有很长时间的积累。谈起《推手》，李安说，里面的主人公那种不得志，那种熬着的心情，就是自己 6 年中的心情。"在人生的道场修行，外在的苦难和折磨他都顶得住，可内心的牵挂却卸不了力。他有颗温暖的心会被伤害，有个爱的渴望需要满足，要达到虚无清静的境界，实属不易。"这是李安对《推手》里那个练太极的老人的评价，也是在说他自己。

很多人好奇李安是怎么熬过那 6 年的，李安说："没办法和命运抗衡，就死皮赖脸待在电影圈，继续从事这一行。当时机来了，就迎上去，如此而已。"

■ 时间，无可替代的因素

熬，是一种烹饪手法。

熬的精义是什么？就是以很小的火力，很长的时间去改变食材的性质。

《卓有成效的管理者》一书的作者彼得·德鲁克说："认识你的时间，是每个人只要肯做就能做到的，这是一个人走向成功的有效自由之路。"

熬，也是我利用时间的有效方略，对时间的观念决定了你是未来的胜者还是败者。

有成功潜质的人对时间比金钱还要看重。对于他们来说，时间就是财富。

时间是一种珍贵的资源，对任何人来说，时间都是公平而且是有限的。

名牌律师、大公司的咨询师的报酬是按小时来计算的。如果哪个事主被一位 1 小时报酬为 5000 美元的大律师盯上了，那你的霉运也许就要来了。因为，和所有的富人一样，他在你身上索取的可能会是数以百万计的财产。

在一本书中曾经看到，瑞士实行的是电子户籍制度，婴儿在降生之后，医院会立即通过计算机户籍网络给他编号，同时，医院还会将此婴儿的姓名、性别、出生时间、家庭住址等输入户籍卡中。由于瑞士的户籍卡是统一的格式，因此，即使是刚刚出生的婴儿也会与成年人一样，有一个财产状况的栏目。

据说，有一位国外黑客，垂涎于瑞士的社会福利，所以想把自己刚刚出生的婴儿注册为瑞士籍。于是，他通过国际互联网侵入到瑞士的户籍网络，并按照户籍卡中的要求，逐一填写了有关表格。在填写财产这一栏时，他随便敲入了 5 万瑞士法郎。然而，还不到两天，这事情就曝露了。

谁知不出三天，黑客的所作所为便露出了马脚。叫人称奇的是，发现这个问题的人，并非户籍管理员，而是一位家庭主妇。她在为自己的孩子注册户口时，不经意间发现前一个婴儿在财产栏目中填写了 5 万瑞士法郎。她觉得好生奇怪，因为几乎所有的瑞士人在为自己的初生婴儿填写所拥有的财产时，写的都是"时间"。他们认为，对于一个孩子，尤其是一个刚出生的婴儿来说，他所拥有的财富，只能是时间，而不会是其他什么东西。

这个故事的真伪与细节并不值得较真，真正值得深究的是，一个人来到世间，最大的财富是什么？说到底就是他的生命，而生命又是以时间来度量的，因此，从个人角度看，一个人拥有的最大财富就是自己的时间。一个人，从婴儿到老，从出生到死亡，就是一个逐渐支付时间的过程。用时间来换取知识，用时间来换取金钱，用时间来换取权势。人，就是这样不知不觉地将自己唯一拥有的本钱——时间——一点一点地支付出去，花费掉，直到走到生命的尽头。

时间和金钱是两种可以相互转化的资源，钱和时间成反比。从一个地方到另一个地方，要节约钱只能选择公共汽车甚至走路，要节约时间就必须付数倍于公共汽车票价的钱去打出租车。一个享受充裕时间的人不可能挣大钱，一个腰缠万贯的人也不会视时间如尘灰，要拥有更多的钱必须牺牲相应的闲暇时间，要想悠闲轻松就会失去更多挣钱的机会。

时间的含金量对每一个人是不同的，像比尔·盖茨之类的世界级富豪，日进千万美元，每秒钟都有成千上万的钞票往账户上滚，所以就是穷国的总统想见他一次，恐怕都要预约。

经验表明，成功与失败的界线在于怎样分配时间，怎样安排时间。人们往往认为，这儿几分钟，那儿几小时没什么用，但它们的作用很大。时间上的这种差别非常微妙，要过几十年才看得出来，但有时这种差别又很明显。

贝尔就是这种例子。贝尔在研制电话机时，另一个叫格雷的人也在进行这项试验。两个人几乎同时获得了突破，但是贝尔到达专利局比格雷早了两小时，当然，这两人是互不知道对方的，但贝尔就因这120分钟而取得了成功。

时间的特点是，既不能逆转，也不能储存，是一种不能再生的、特殊的资源，因此一切节约归根到底都是时间的节约。

要善于集中时间，切忌平均分配时间。要把自己有限的时间集中在处理最重要的事情上，切记不可每样工作都抓，要有勇气并机智地拒绝不必要的事、次要的事。事情来了，首先要问："这件事情值不值得做？"绝不可遇到事情就做，更不能因为反正做了事，没有偷懒，就心安理得。

要善于利用零散时间。时间不可能集中，往往出现很多零散时间。要珍惜并充分利用大大小小的零散时间，把零散时间用来从事零碎的工作，从而最大限度地提高工作效率。

■ 唯有时间不可略过

科学家说，时间是一个幻觉。

如果这是真的，那么时间一定是另一种存在。

新东方创办人俞敏洪发迹于出国英语培训。他讲授的背单词的方法不过是词根词缀记忆法。

这个方法其实只不过是个辅助手段而已，并没那么神奇。你最初学汉字，是用偏旁部首背汉字吗？

但有一点可以确定的是，俞敏洪本人确实有很高的词汇量，而他的学生也是在掌握了一定的词汇量后，再用他的方法事半功倍地记住了单词。

我们认汉字，"差不差，念半拉"，和"词根词缀"记忆法有相通之处，其实也是在有了一定的认字基础量之后，才能产生这种举一反三的飞跃的，而不是先学造字原理，再去认识几千个常用字。

现在，还有些传授记单词妙诀的，告诉你只要记住一个公式就能记住很多单词。各种单词记忆方法却并不相同，甚至可能相左。可是，如果仔细观察，就会发现他们至少有一点是完全相同的，那就是必须有一定词汇量后，你才能进入一个记忆单词效率提升的境地。

所有学习上的成功，都只靠两件事：坚持和方法，而坚持本身是最重要的方法，没有之一。

　　"你热爱生命吗？那么别浪费时间，因为时间是组成生命的材料。""记住，时间就是金钱。假如说，一个每天能挣 10 个先令的人，玩了半天，或躺在沙发上消磨了半天，他以为他在娱乐上仅仅花了 6 个便士而已。不对！他还失掉了他本可以挣得的 5 个先令……记住，金钱就其本性来说，绝不是不能升值的。钱能生钱，而且它的子孙还会有更多的子孙……谁杀死一头生仔的猪，那就是消灭了它的一切后裔，以至它的子孙万代。如果谁毁掉了 5 先令的钱，那就是毁掉了它所能产生的一切，也就是说，毁掉了一座英镑之山。"

　　这是著名的思想家本杰明·富兰克林的一段名言，他通俗而又直接地阐述了这样一个道理：如果想成功，必须重视时间的价值。

■ 韬光养晦，做熬得住的"待机王"

我们都无法超越生老病死。证券投资历来是被公认的心理压力极大的行业，抉择筹划过程对人身心是极大的煎熬。

世界知名的投资家巴菲特已经 88 岁，仍旧思维敏捷，成功的投资大师大多都较为长寿。著名投资家邓普顿享年 95 岁，费舍享年 96 岁，是川银藏享年 95 岁。活得长，是熬过对手的一个重要条件。

司马懿，字仲达，河内郡温县孝敬里（今河南省焦作市温县）人，三国时期魏国政治家、军事谋略家、魏国权臣、西晋王朝的奠基人。司马懿有自己的真才实干，可比起其他人，终究还是逊色了一筹：打仗不如曹操，治国不如诸葛亮，识人不如刘备，谋略不如郭嘉，勇武不如关羽，魅力不如周瑜……之所以能成为最后的赢家，首要原因是——长寿。

司马懿熬死了所有强悍的对手，给他剩下的不过是一个可以玩弄于股掌之上的傀儡小皇帝。最终结局是三家归晋。

司马懿漫长的人生并不顺利，在群星璀璨的三国时代，司马懿一直默默无闻地隐藏在曹操的阴影中。曹操死后，就安排司马懿辅佐自己的儿子曹丕，但是曹操也告诉了曹丕一定要死防着这个司马懿。

从 29 岁出仕到曹丕称帝，被压制了几十年。

曹操、曹丕相继亡故，司马懿崭露头角没多久便被朝廷贬黜；虽然后来得以官复原职，但紧接着又被诸葛亮一次次打得左支右绌。

好不容易拖死诸葛亮，却被政敌曹爽再次排挤出权力中心，又是一个十年……73 年的寿命，居然一大半是在韬光养晦中度过的，这样的人生，是怎样的一种苦熬？

也许，"忍"是熬的一个近义词，用金庸的话来说：中国成功的政治领袖，第一个条件是"忍"，包括克制自己之忍、容人之忍以及对付政敌的残忍。司马懿殚精竭虑，苦心孤诣地熬着。数十年如一日地蛰伏隐忍着，藏匿自己的锋芒，掩饰自己的光彩，甚至泯灭自己的人格，无论是居庙堂之高还是处江湖之远，始终是这样坚忍不拔地熬着。

在三国群星之中，司马懿实在堪称是一个"超长待机王"，虽然是"低配"，但是架不住待机时间长啊。

■ 不怕慢，就怕断

慢一点，没关系。

慢慢来，比较快。

能够远途跋涉的鸟类，都是善于滑翔的。

假如人的意志力或者说"心劲儿"是有限的，那么我们就要考虑把它合理分配。

比如高考时，会有很多人告诉我们一个"真理"：考得好就一马平川，考不好就人生艰难。就好像真的能一考定终身一样。

等工作后，又会有人用另一个"真理"教训你：抱歉，你的学历没那么值钱！

马拉松赛道上会遇到疲劳、疼痛、饥饿等一系列问题，人生路上也是如此，疲劳、懈怠、困难时有发生。重要的是保持足够的耐心，就算倦怠了，休息一下也没什么。千万不要以为因此就出局了。稍事休整后，仍然要有信心起身前行。

第二次世界大战期间，有一位名叫瑞德的战地记者从一架被打残的飞机上逃生，降落在缅印边境的荒野。当地人告诉他，离这里最近的市镇也有 300 多公里。

瑞德以前从未走过这么远的路，这几乎是段可望而不可即的"长征"。

为了活命，瑞德只好拖着受伤的腿踌躇前行。

然而，瑞德很善于调解自己，他告诉自己不要想那个巨大的数字，而只是一公里、一公里地往下走。最终，瑞德回到了部队。

战争结束后，瑞德接了一个每天写一个广告文案的业务，出于信任，广告商并没有跟他签合同，也没明确一共要写了多少个广告文案。心无旁骛的西华·莱德就这样不停地写下去，结果整整写了两千个广告文案。他在事后很感慨地说："如果当时签的是一张写两千个广告文案的协议，我一定会被这个数目吓倒而退缩。"

对于正在跋山涉水的人来说，不要忧虑目标有多遥远，而要学会分割目标，然后一步一步地走下去。

1999 年，段永平以其"明晰的远见和创新能力"，被《亚洲周刊》评为亚洲 20 位商业与金融界"千禧年"行业领袖之一。《亚洲周刊》采访前步步高总裁段永平，问道："50 年后媒体报道步步高，你想听到什么消息？"

段永平答："任何消息。"

这是因为只要有消息，就是好消息。那代表你还在赛道上，只要在赛道上，就有机会创造更好的一切。

■ 别用战术的勤奋，掩饰战略的懒惰

熬，不是盲动，而是精确的行动。现代社会，人人以忙为荣，即使无事也要装着忙的样子，以免别人看不起。这种瞎忙、穷忙，其实是一种无意义的熬。

"我约了人在大酒店吃午饭，我很忙啊。"

"我们俩请你吃碗杂碎面好了。"

"我一秒钟值几十万元呢。"

这是电影《少林足球》里的一个经典镜头，一事无成的师兄偏要装成日理万机的样子。

也有的人是有事忙，可又忙不到点上。这种人认为，只要忙忙碌碌，人生就没有白过。他们往往不去安排，甚至不会安排工作，他们习惯于按任务的紧迫程度而不按重要性安排工作，因此，常常看到他们到处开"救火车"，忙得不亦乐乎；他们把临时突击当成完成任务的妙法，往往把重要的该办的事拖到最后，结果顾此失彼，穷于应付；他们常常碰到什么做什么，先来先做，有电话来先回电话，有人到办公室聊天，陪着聊天；他们做工作根据个人爱好而定，喜欢做什么就先做什么，不能合理地利用宝贵的时间，以至于造成因疏忽小事而造成忙乱，因苟且偷生而成为"往事的俘虏"，因抓不住主要矛盾而舍本求末，因迷惑于复杂纷纭的现象，

而眉毛胡子一把抓；等等。

　　其实，最容易的是忙碌，最难的是有成效地工作。管理专家索罗说过："忙碌本身，不值得称道……问题在于，我们忙些什么？"行为管理的妙诀在于对自己的行为应该进行选择，行动之前首先考虑的是应该做什么和不应该做什么。不但有害无益的行为必须根除，而且可做可不做的事少做或不做，就是有益的活动也要精心筛选。美中贸易全国委员会主席唐纳德·C. 伯纳姆在《提高生产率》一书中讲到提高效率的"三原则"，对我们进行行为选择是很有启示的。这"三原则"是每做一件事情时，应该先问三个"能不能"：能不能取消它？能不能把它与别的事情合并起来做？能不能用简便的方法来取代它？

　　一位著名的哲学家说过："在人类所犯的愚蠢的错误中，最常见的一个就是他们常常忘记他们所应该做的事情是什么。"如果无论遇见什么事，都问三个"能不能"，这样，你定能学会做应该做的事，少做可做可不做的事，不做不应该做的事。那么，无事忙的悲剧也就不会发生了。

　　常听到有人说："最近忙得团团转！"你是否也如此呢？目前，我们生活的物质环境相当丰裕，而我们每天却为俗事缠身，但却不知在忙些什么。

　　在日本，有人提议设置写"在这么狭小的国土上，何必匆匆地赶路呢？"的交通安全标语。

　　许多人早饭不吃，便赶着上班和上学，走到十字路口，连红灯也不耐烦多等，一看到没有车辆就闯红灯。

　　整天就是忙着从这儿到那儿。回到家里，匆匆地解决晚餐，又赶着看电视了。

在路上碰到朋友，互相寒暄：

"好吗？最近过得怎么样？"

"哎呀！老样子，总是忙得团团转！"

大家似乎总是这样回答，好像忙碌是一件值得夸耀的事。

就拿我们自己来说，也常希望能休闲一点，但却一天天忙碌起来，很自然地就加快了步调。譬如：家里来了访客、电话响了、收报费或出外应酬等，这些都是不便拒绝的事，若拒绝应酬，往往无法建立良好的人际关系，同时也会受到他的批评："他真是个怪人，不太好相处。"

于是，不得不牺牲该做的事或休息的时间，而忙碌于应酬。然而，仔细想想，交际的幅度愈大，工作量也就增加得愈多，随着忙碌而来的是机械化的生活，一切反而更显得不灵活，更得不到发展，对于这种结果，我们自己脱离不了责任。让我们的"熬"变得有意义，就不能虚度时间，要真的做出成效。

第10章

以小博大，文火慢熬

少即是多。

——德国建筑师密斯·凡德罗

任他巨力来打我，牵动四两拨千斤。

——太极推手歌诀

以柔克刚，四两拨千斤，这就是太极的哲学。

有时候，我们力量很小，也很弱。然而，正是因为弱小，才能在极小成本与极大收益之间发现一片新天地。

■ 以最小的力道去博

你知道力的最小单位是什么吗?

是 Dyne，中文为"达因"，简称"达"。这里，我们就先讲一个关于"达因"的故事。

张璨女士是达因集团总裁，总资产 11 亿元，为人低调。

张璨于 1964 年出生在一个军人家庭。15 岁那年，一次北京大学之行，"做个北大学生"成了她的梦想。可是，1981 年高考时，张璨状态不佳，成绩不理想，被东北地区一所大学录取。一心想进北大的张璨没去东北那所学校报到，1982 年第二次报考北大，将报考专业由生物改为国际政治。那年秋天，她终于如愿以偿跨进了北大校门。

在大学里，张璨是个活跃分子。1984 年，在北京大学举行的第一届大学生演讲大赛中，张璨获得了第一名。

当时 20 岁的张璨还当上了北大学生会文化部的副部长。那时，她的梦想是当一名出色的外交官，一名女大使。幸与不幸有时只有一线之隔。正当张璨编织着自己瑰丽的北大骄子梦时，1985 年，北大因她第一次高考考上却弃读，注销了她的学籍——根据当时的有关规定，"有学不上"的学生停考一年。

"那时的感觉真是从天堂坠到地狱。"事情过了很多年，张璨仍然难以释怀。这件事对张璨打击挺大的，在学校里，朋友们都对她说："你散散心吧。"

因为她们怕张璨想不通会做傻事。那时候像张璨这样的学生不在少数，但是被追究的只有她一个。张璨为了恢复自己的学籍，不停地写申诉材料，找人谈话，国家教委、《人民日报》、团中央她都去过，一直折腾到毕业，这事也没有解决。

张璨的事在学校传开后，许多人都同情她、支持她。用他们的经验和智慧帮她出谋划策，大到陪她上访，甚至教她怎么进大门怎么和人申诉，小到帮她定进度表，要她坚持上课。

这个过程无疑是一种熬，但也让她明白了一个道理："就是遇到什么事都不能哭，遇到什么问题都要想尽办法去解决。"张璨暗暗地对自己说："一定要坚强，一定要坚定，一定要比别的北大同学读更多的书。"

就像 J.K. 罗琳所说的，人生就是受苦，只有承受痛苦才能成长。

1986 年 7 月，同学们毕业了，很多人捧上了"铁饭碗"，让张璨很是羡慕。她自己也完成了学业，却因没有文凭，只得到一纸说明，大意是说她被注销了学籍，但坚持上课，成绩合格，学校不管她的分配。在张璨的毕业纪念册上，同学们给她留下这样一句赠语："与众不同的经历，造就与众不同的道路。"张璨的一位北大师兄给她的留言是："看惯了世间太多的丑恶，还有一双孩子一样的眼睛；经历了太多的欺骗，还对人有狗一样的忠诚。"让张璨感到慰藉与自豪的，是自己具备这样的善良与纯真。

没有毕业证，工作就没有着落，张璨一离开校门就开始在中关村到处找工作。她鼓励自己说：没有工作也许会更有前途，因为自己面对的机会会更多。

一天，她揣着推荐信到中关村的一家民营公司求职。路上遇见了大学同学，同学对她说："你为什么不自己干？"

22 岁的张璨真的自己创业了。

她的策略就是用最小的力道去博。

她的第一笔钱是从废品里拣出来的。她偶然得知沈阳一家国有大公司的仓库要处理一批物资，便以几百元的价格买回了一卡车的印刷纸板、油印机、油墨等印刷设备。对于张璨来说，这车"破烂"的意义却非同小可。她倒腾了两天两夜，才将那些宝贝运回北京。经过一番清洗、整理、油漆、上光，一下子竟卖了 5 万元。

接着，为了省钱，她租农民的平房，挂靠别人的公司拉业务，借别人的计算机拿到自己店里当样品，有人买计算机谈妥价，交上钱，她再买来零件自己组装。

因此，她不得不常常熬夜到凌晨，累了就打地铺休息一会儿。这种身体上的熬，比起以前精神上的煎熬实在不算什么。

张璨真正的转折点是做自己的品牌计算机。当时做计算机在中关村还是组装机的天下，还没有品牌机的概念，计算机的品牌概念应该说是她的公司推出来的。

她在失去学籍后自学的那些庞杂的知识起了作用，她注册了一家计算机贸易公司，她给公司起名"达因"。达因，取自英文"DYNE"一词，意即"力的最小单位"。那时的达因公司，当然很小，也很弱。但正因为小，才能面向广大的发展空间。

由于张璨聪明、勤奋，她的公司后来成为美国康柏公司在中国的总代理。这让很多同行都感觉不可思议。到 1994 年，达因公司向国内客户提供了 10 万台康柏计算机。1995 年，达因公司又进军房地产市场。1996年，达因集团公司显示器生产厂建成，每年出口额达 1 亿美元，内销达两三亿元人民币。

如今，达因已经成为拥有 40 多家分公司，净资产上亿美元的大型集团公司。

张璨却自认不是最聪明的人，只不过有一些"小聪明"。所以，读书和充电，是张璨从不停下的脚步。

■ 少，可以成就多

史玉柱的巨人公司在顺风顺水的时候，有着大量的现金。

1995 年 2 月，史玉柱下达"三大战役"的总动员令，广告攻势是他亲自主持的，第一个星期就在全国砸了 5000 万元广告费，士气逼人。巨人在各大城市报纸上的广告都是跨版的版位刊登，可谓风光无限。

可是后来史玉柱一评估，天价广告费的结果是知名度和关注度都有，但广告效果是零，因为我们根本不知道消费者需要什么。

珠海巨人公司破产后，史玉柱身负巨额的债务。

在 1997 年的大半年里，史玉柱的主要任务就是寻找合作伙伴，拉投资。

"这时候我主要的精力还是想挽救巨人，以为巨人就是资金链问题，那我就找人来入股巨人，带着现金，当时我们测算，只要有 5000 万就够了……"

多年后，回忆起那段借不到钱时光，史玉柱会不由哽咽。

对于朋友们的不帮忙，史玉柱后来也想通了。不借钱是正常的，如果有人在那个时候借给我钱，我也会给糟蹋了。因为我还只以为巨人那时候只是资金链的问题，关于我个人的性格上的缺陷，关于我的狂妄问题，关于我的管理问题，关于我的战略问题，诸如此类的问题，都没有深入地反思。

著名的连续创业者雕爷曾分享过这样一个案例，认为脑白金是史玉柱创造的一个奇迹。1998 年，史玉柱用手里区区几十万启动资金启动了脑白金项目。

史玉柱破产前可是几亿人民币随手挥洒的主儿，但他居然认为"够用了"。

为什么这样说呢？因为他的理论是"样本市场快不得"。

慢工出细活，史玉柱从江阴这么一个县级市入手，作为东山再起的根据地，做"最小业务闭环"的梳理。

史玉柱每天见消费者，陪老头老奶奶聊天，然后一个字一个字修改广告文案及公关软文，精雕细琢，用 20 把宰牛刀解剖一只麻雀。比如，修炼一个报纸软文的标题改 30 遍，改到吐血。

史玉柱挨家挨户找老人聊天："吃过保健品吗？可以改善睡眠，可以调理肠道、通便？你想不想吃？"老人们说，他们想吃，可舍不得买，只会把空盒子放在显眼的地方暗示儿子。

史玉柱领悟到其中的微妙，推出了家喻户晓的广告"今年过节不收礼，收礼只收脑白金"。

江阴虽然只是一个县级市，但地处苏南，购买力强，离上海、南京都很近，广告成本也相对低廉。

此后，史玉柱如法炮制攻下一个个城市。

史玉柱紧接着践行他的下半句："全国市场慢不得。"

毕竟，保健品是高毛利行业，跑马圈地，雷霆万钧，从央视的空中投放到促销员的接地气推销，百倍复制，全面爆发。到 2000 年，公司创造了 13 亿元的销售奇迹，成为保健品状元。

2001 年，史玉柱还清了债务，并在报纸上印了两个大字：感谢。

■ 警惕"高配的人生"

"不要过低配的人生"已经成为一种流行观念。

对此产生的误解，让一些年轻人对"节俭"二字很是不屑：省能省下多少钱，只有赚出来的百万富翁，没听说有省出来的百万富翁，只有赚钱才是硬道理。

这种观点并没完全错，但我们还要警惕"高配人生"的陷阱。

在今天这个社会，积聚财富的速度已远远超出了人们的传统想象力。扎克伯格一年间赚下的财富可以同一个国家的财富相提并论，新兴行业的新贵们似乎已经改写了世界的进程和原有的经济规律。

就算是扎克伯格，在个人生活方面，也是能省则省的。

当然，你也可以向扎克伯格学习奢华的一面，可问题是：你可能永远无法像他那样以比印钞还快的速度赚钱，你也许只能赚那份虽然不多但也不少的薪水，老老实实地养家糊口。人人都想最大限度、最快速度地去开源，但也许你的运气并不那么好，所以不放弃你开源计划的同时，最好还是听听节流的忠告。

经济不独立的人不可能获得真的自由，逃避这种自由被剥夺的无期徒刑的唯一方法就是养成储蓄的习惯。

金钱在有些人眼中是游戏的筹码，在有些人眼中是享受与保障。

有些人喜欢消费，有些人喜欢投资，有些人把每一笔钱每一样东西都作为资本。

他们购置可以盈利的资产，让钱源源不断流进自己的腰包。一套房子，他们可以自己住，也可以出租，还可以转手买卖，不同的处理方法决定了它的性质。

他们最会算计：同样的东西，可能是资产，也可能是负债，就看钱是流向他的口袋，还是从他的口袋里流出去。如果房子是让钱流到他的口袋，那就是资产，如果是为了这个房子，把钱从口袋里流出去，它就变成了负债。

而按同样的程序把钱存进银行，享受平均 5% 的利率，40 年后又是多少呢？同样依照公式，你只是个区区百万富翁。

且不说 40 年后百万富翁还算不算富翁，排除通货膨胀的因素，单就亿万和百万的比较，两者相差何止十万八千里。在这个公式里，每年投入的钱是不变的，40 年时间也是固定的，唯一不同的是投资回报率。

以诺贝尔基金会的成功为例。1896 年，诺贝尔捐献 980 万美元作为诺贝尔基金会的原始基金。但是每年必须支付高达 500 万美元的奖金。到 1953 年基金会只剩下 300 多万美元。也就在这一年，基金会将原来只准存放银行与买公债的理财方法，改变为以投资股票、房地产为主的理财观。这样到 1993 年，基金的总资产竟然滚动至 2 亿多美元。不过，管理诺贝尔基金会的都是专家，他们有投资的素质。穷人投资未必有这样的幸运。正因为穷人、富人都在投资这条路上挤，这条路才是格外艰险的。凡是回报率高的投资，风险必然也大，投资理财成功最终还是要由素质决定。

成功者的出发点是一本万利，在此基础上，如果做得不好，可能只是万本一利，如果做得好，也有可能一本亿利，总之没有本是不行的。

他们喜欢花钱。他们常常发疯似的买回一大堆打折商品，然后扔进储物柜里，直到落满灰尘，最后被当作废品处理掉。他们其实并不心痛，因为已经爽过了，花钱的意义在于购物的过程，至于那商品本身的价值反而降到了其次。

他们即使有钱，也舍不得拿出来，他们总怕钱飞了，又回到穷日子去，即使终于下定决心投资，也不愿冒风险，最终还是走不出那第一步，还是紧紧抱着自己的钱，心想少用就等于多赚。

投资是一条捷径，也是一条险道。投资成功的许多范例都只是特例，并不适合每一个人，投资没有固定公式。有些人总是尽量地把一切东西变成资产，有些人却总是把有限的东西变成负债，两者的距离当然会越拉越大了。

节俭，永远不会过时。

首先，不是你赚下的，而是你省下的使你富有（当然比尔·盖茨等人除外，也许他们赚的钱无论怎么挥霍都花不完了）。

其次，赚来的只是收入，省下的是利润。

为了说明这两条忠告，我们来做个分析：假设你月收入5000元；如果你维持日常所用,应酬、娱乐等各项开支是6000元，那么你欠债1000元；如果你只花了4000元，那么节余1000元。如果你维持在这样的水平上，那么在你的毛收入中，成本开支（生存、娱乐、工作等项）为80%，利润率仅有 20%。

　　进一步假设，如果你善于管理和经营，在维持生活质量的情况下，采取了一些节约成本的措施，每月节省 500 元，那么相当于每月多收入了 1500 元，你的利润率上升为 30%。

　　再进一步假设，如果你善于投资，可以用这些利润去投资国债等，如能保持一个较平稳的年收益率，长此以往，又将如何？可以肯定的是，子女教育、退休养老等问题不会再让你头疼，尽管你没有成为扎克伯格，可同样地过着一种舒适的中上等生活。

■ 轻履者行远

知道蝜蝂这种虫吗？

柳宗元曾写过一篇《蝜蝂传》，他说这种小虫生性喜欢背东西，一边走，一边把路上的东西背到身上。即使背不动了，也不停止往身上放东西。如果你可怜它，为它把东西拿掉，只要稍微恢复，它又会去拿东西背上。而且蝜蝂又喜欢爬高，总是直到过重过高，最后"坠地死"才肯罢休。

显然，柳宗元是以这种虫的特性比喻人性的贪婪。自我节制，知所局限，才是爱护生命，促进生命的动力。

日本登山家栗城史多，在 26 岁的时候以不用氧气设备的方式，攀登过马纳斯卢峰（世界第八高峰，海拔 8163 米）。

当他下山后，人们纷纷问他成功登顶的秘密时，他说："这没有什么秘密，我知道大脑是一个重要的耗氧源，各种思想在大脑中相互撞击时，会消耗我们吸入全部氧气的 40%。所以，为了减少对氧气的消耗，我只有向前走这一个念头，至于其他的任何想法我都把它们统统从脑子里抛掉，没有了任何杂念，我就等于放下了一个背在身上的巨大包袱！轻松地向前，这就是我成功的全部秘密。

"少"可以成就"多"，这种哲理需要一整套的观点做辅佐。

我们该如何熬过漫长的冬天，如何才能穿越荒漠？

"深思者虑远，登高者望远，轻履者行远。"生命里填塞的东西越少，就越能发挥潜能。放得下，才能更好地"拿起"，理解这种转换，需要一种大智慧。

理查·布莱德是英国当代作家。

某年，他和一群好友到东非赛伦盖蒂平原去探险。当时，正逢东非遭受严重旱灾，赤地千里，酷热难耐。摆在理查和他朋友面前的，是一条充满考验、艰辛而又漫长的旅途。

为了能够方便、安全地抵达目的地，理查随身携带了一个厚重的背包，里面塞满了食物、切割工具、挖掘工具、衣服、指南针、观星仪、护理药品等。理查对自己的背包十分满意，认为自己已经为这次旅行做好了万全的准备。

理查和他的朋友一道，背着大包小包的行囊，来到了一个土著人居住的村子，为此次探险寻找一位向导。当地的首长为他们推荐了一位经验丰富的土著人。出发前，该名向导依照惯例细心地为他们每个人检视行囊。

在检视完理查的行囊之后，向导突然问了一句："理查先生，你认为你真的有必要带上这么沉重的东西吗？你确信这些东西能够让你的旅途充满快乐吗？"理查愣住了，向导所提出的这个问题，是他以前从未认真思考过的。

理查陷入了深思：是啊，背负着这么多的东西上路，有这个必要吗？这些东西难道都是此行必不可少的吗？这些东西会让我的旅途充满快乐吗? 结果发现: 他背包里的东西,有些的确是此次探险旅行必不可少的,而且也的确会让他感到快乐,但有些东西其实纯属累赘,实在是不值得浪费太多的精力,背负着它们走那么远的路。

想通了"轻装前行"的道理之后,理查决定取出一些不必要的东西送给当地村民。接下来,沉重的背包变小了,变轻了,变得干净利落了,理查也因此而体验到一种从未有过的、卸去重负的快感。他不再有束缚,不再有负重前行的疲惫和烦恼。整个旅途,也因轻装前行而变得轻松愉快,变得情趣盎然。

通过此次跋涉,理查得出一个结论: 生命里填塞的东西越少,就越能发挥潜能。从此,理查学会了在人生各个阶段中定期解开"行囊",随时寻找减轻负担的方法。同时,他还根据自己的亲身经历,写出了脍炙人口的畅销书《重整行囊》。

生命的进行,就如同参加一次旅行。你可以列出清单,决定背包里该装什么才能帮助你到达目的地。但是别忘了,在每一次停泊时都要清理自己的口袋: 什么该丢,什么该留,把更多的位置空出来,让自己行走得更远。

■ 聚焦再聚焦，一针捅破天

当乔布斯的苹果计算机被比尔·盖茨的微软视窗打得满地找牙之后，苹果是如何熬过来的呢？

苹果选择了"设计"这一小块市场精耕细作，正是对设计师这一小众市场的牢牢占据，使得苹果虽然落后了，但还不至于出局，才有了以后逆袭的机会。

多元化投资曾经十分流行，不要把所有的鸡蛋放到一个篮子里，这话有一定的道理，万一失手把这个篮子掉地上，岂不是所有的鸡蛋都完了？

也有一些投资专家告诫我们：不要把鸡蛋放在多个篮子里，你的精力是有限的，细心呵护一个篮子不至于出现大的错误，篮子多了，你照顾得过来吗？

沃伦·巴菲特就曾经提出忠告：把你的注意力集中起来，如果投资组合过于分散，则会无暇分身，弄巧成拙。

当然如果像买股票此类的投资，为了控制风险，我们可以适当地关注几只股票，搞一些投资组合。因为此类的投资风险过大，专家们自己还搞"对冲"呢。

但具体到经营上，就不是那么一回事了。比如说你准备开个小饭馆，觉着有风险，鸡蛋不能同时放在一个篮子里，再去开个小卖部。以你的精力和能力，全身心地做其中一个，实际上风险很低，同时做两个，风险反而大了许多，有可能两个都赔钱。

细究生活中的这种"多个篮子"心理，归结到根本上是这样的心态。

首先，是没有自信与勇气。对自己要做的事情和项目没有足够的信心，不敢全身心地投入，随时准备撤退和放弃，心中自我安慰，反正这个篮子中就放了两个鸡蛋，无所谓啦，这边不行，还有那边呢，这种心态导致许多能做好的事做不好，能做成的事做不成。其实只要经过周密细致的事先调查分析和准备，认为自己能做好这件事、这个项目，就应该义无反顾地全力以赴，如果不确定性因素很多，没有信心，那就干脆不要做。试试看、不行就算的心理是做不成事的，即使碰巧尝到了一点甜头，也不会促使你下决心克服后边的困难。有困难时，你的目光自然而然地就转到其他篮子上了。

第二，这种心理说白了是贪婪的表现：赚钱的机会那么多，一个都不想放过；这个能赚，就在这儿投点，那个也不错，就往那儿也放点儿。如果自己没做这件事而别人做了，心中就会万分遗憾，把别人的利润都看成是自己的损失！自己手头的事儿干得好好的，潜力和发展空间都很大，却意犹未尽地要往别的篮子里放些鸡蛋，期望那边也能孵出小鸡来。

这里并不是批评一些大企业集团的多元化经营，但成功的多元化经营都是把主业做成熟了。根据经济学边际效益递减的原理，已然做到最佳规模了，在此基础上，向新的领域拓展自然是正确的发展战略。

这种毛病多体现在一些自由度颇大的小公司、小商人身上。

他们胆怯而又贪婪。不是鸡蛋多得一个篮子装不下，而是往尽可能多的篮子里装鸡蛋。美其名曰：东方不亮西方亮，其实是东方不打西方打。

潮起高歌猛进，潮落保存实力。

当我们力量弱小的时候，一定要戒贪，更不可有赌徒心态。收缩战线，才是熬过困境的正确选择。

后　记

人生如逆旅，我亦是行人。

莫忘来时路，继续向远方。

　　我能有今天的成绩，离不开一路支持和帮助我的贵人们。一路走来，不管自己一帆风顺，还是跌宕起伏，都有一股力量，一种信念，来支撑着我的人生，那就是：成功者绝不放弃，放弃者绝不成功！我时刻提醒自己："吴江，你起步条件不如别人，资源、背景都不如别人，但是你努力的态度绝对不能输给别人，你一定要不断努力，心怀感恩，认认真真做人、勤勤恳恳做事。"

　　大学毕业后，事业蒸蒸日上，可是，在2018年，我遇到了我人生中的"课题"——源于前几年的高歌猛进和自以为是，投资失败，事业亏损，负债百万。在这高额的负债压力下和对身边信任朋友的无限愧疚下，长达六个月的时间里，我处于深深的焦虑和自责中：天天失眠、无精打采、诚惶诚恐、活在自我否定中，严重时，多次产生轻生念头。在断断续续服用抗焦虑和失眠药物两个月后，我选择扔掉所有药物，正式用自己的意志和毅力向自己这种状态发起挑战：我坚持每天早上起来跑步、吃早餐，哪怕是再不想动，我都逼着自己走出去；每天听自己的潜意识音乐；每天阅读正能量的书籍和文章；每天主动找身边朋友交流沟通；每天从最细微的事情中给自己打气，在奋斗中找到了自己。从走出那段时光开始，我就想留下点什么，因为我感同身受创业的艰辛，深知生活的不容易。我知道，有太多人为了自己的梦想、为了家人、为了生活的美好，承受着莫大的焦虑和压力，在默默地打拼，默默地"熬"着。这也正是我写作这本书的目的：我想通过此书帮助和唤醒这些有梦想、有追求，还在"煎熬"中的志同道合、有缘的人，坚定信念，少走弯路，节省时间，在人生道路上稳步前进，做一个感恩和付出的人，愿我们运用奋斗的智慧，并肩作战，携手同行。

创业以来，令我感悟最深的是：只要肯坚持，只要不放弃，我们总能找到成长和成功的路，还会吸引越来越多志同道合、愿意支持我们、帮助我们的贵人。因此，今天，借此书出版的机会，我要深深地感恩出现在我生命当中的每一位贵人，如果没有你们，就没有今天的吴江。

首先，我要感恩我的爸爸、妈妈，感恩他们给了我生命，让我有机会来探索这世界的神奇和美好，是您们让我懂得了如何做一个担当、勤奋、付出、感恩的人。

我要感恩所有支持我、帮助我的亲人，感恩你们对我一路的信任、支持和帮助。

我要感恩学生时代伴我成长的每一个小伙伴：兰茗新、李雪、杨谷、葛修润、黄凯、黄涛、何状……感恩你们伴我度过了一个充实而有意义的学生时代，为我踏入社会打下了一个坚实的基础。感恩你们对我的一路陪伴，鼓励、支持和帮助，是您们给了我无尽的动力，是您们让我懂得了友谊的重要性。

我要感恩进入社会给我指点的每一位同事，感恩你们在我刚踏入社会时，教会我如何为人处世，如何与人交流沟通，感恩你们伴我一起熬过低谷，一起并肩作战。

我要感恩澳利红酒庄的每一位伙伴：林镇容、林锡洪……感恩你们对我默默的陪伴和支持，对我的永远信任，在我困难时一直给我打气加油。

我要感恩陪伴我参加108天第六期弟子密训的每一位企业家同学们：王奎荣、刘士杨、李璐、韩啸龙、郭言梅、王子妃、林宛宛……感恩你们108天的相互陪伴、监督学习、共同进步、感恩你们对我的相互关心和帮助。

我要感恩伴我走过63天新时代企业教练的每一位教练和同学，感恩你们63天的陪伴、鼓励、支持与帮助，给了我无尽的动力和激情去面对生活的种种课题。

我要感恩我的每一位老师：上官敬丰、李延明、何红旗、余万宏、李亭升……感恩你们影响和改变了我的命运，激发了我的潜能，增长了我的见识，扩大了我的格局。

我要感恩曾经在我生命中出现过，给我打击，泼我冷水，让我成长的人，是您们让我更加坚定了自己的目标和方向。

感恩出现在我生命中的所有人。星空不问赶路人，岁月不负有心人。于我而言，所经历的一切成长、磨砺和蜕变都是我人生中的一笔巨大财富，接下来的日子里，吴江会用生命的力量从事自己所热爱的事业，把所有朋友的支持、贵人的帮助、老师的教诲、亲人的期望化成爱的巨大能力，影响和帮助更多热爱学习、渴望改变、坚持奋斗、懂得感恩的朋友们。

最后，我要感恩正在阅读这本书的你。感恩你在众多书中选择了这本书，无论您在经历生活的教训，还是事业的跌宕、人生的谷底或是从头再来，我都希望这本书能带给您能量，通过本书看到更多美好未来和无限可能性。当您再次遇到困难时，您知道自己并不孤独，运用熬的智慧，我们一起并肩作战，携手同行。

吴江 于成都

2019 年 5 月

记 事 页